COMPARAISON

DES

SEIZE DIRECTIONS

ET DE

L'INTENSITÉ DU VENT

COMPRENANT LES SIX OBSERVATIONS TRI-HORAIRES

DE 6 HEURES DU MATIN A 9 HEURES DU SOIR

Du 1er Décembre 1866 au 30 Novembre 1876

DE LEUR VALEUR RELATIVE POUR LE BAROMÈTRE, LA TEMPÉRATURE, LA TENSION
DE LA VAPEUR D'EAU, L'HUMIDITÉ RELATIVE DE L'AIR, L'ÉTAT DE NÉBULOSITÉ
DU CIEL ET LA PLUIE TOMBÉE A 1m 50 DU SOL PENDANT CETTE
PÉRIODE DÉCENNALE

A SAINT-MARTIN-DE-HINX (Landes)

Par H. CARLIER

BAYONNE

IMPRIMERIE DE VEUVE A. LAMAIGNÈRE, RUE CHÉGARAY, N° 39.

1877

COMPARAISON

DES

SEIZE DIRECTIONS

ET DE

L'INTENSITÉ DU VENT

COMPRENANT LES SIX OBSERVATIONS TRI-HORAIRES

DE 6 HEURES DU MATIN A 9 HEURES DU SOIR

Du 1er Décembre 1866 au 30 Novembre 1876

DE LEUR VALEUR RELATIVE POUR LE BAROMÈTRE, LA TEMPÉRATURE, LA TENSION
DE LA VAPEUR D'EAU, L'HUMIDITÉ RELATIVE DE L'AIR L'ÉTAT DE NÉBULOSITÉ
DU CIEL ET LA PLUIE TOMBÉE A ᵐ ᵐ DU SOL PENDANT CETTE
PÉRIODE Dᵉ ᴸᴱ

A SAINT-MAR   DE-HINX (Landes)

Par H. CARLIER

BAYONNE

IMPRIMERIE DE VEUVE A. LAMAIGNÈRE, RUE CHEGARAY, Nᵒ 39.

1877

EXPOSÉ GÉNÉRAL

Ces dix années (1867-1876), dont nous discutons les observations du vent, présentent, si l'on compare la moyenne de chaque année, deux maxima pour le Baromètre, l'un, 1868 = 761,45 ; l'autre, 1874 = 761,90 : l'année 1872 forme le minimum = 759,16 ; le maximum absolu observé est de 777,23 en 1868 ; le minimum absolu aussi est de 733,28 en 1874 ; le plus fort écart barométrique est de 43,95. C'est 1869 qui donne la température moyenne annuelle la plus forte 14,21 ; en 1867, elle a été de 14,17. 1876 forme le minimum, il a 12,98 comme moyenne générale annuelle. La température la plus forte est 39,7 en 1870 ; la moindre est de — 10,3 en 1871 et 1876 ; c'est en 1869 que le thermomètre a baissé le moins au-dessous de zéro = — 3,0 ; 1873 est presque semblable = — 3,4.

L'altitude de notre sol est de 39 mètres 96, soit 40 mètres ; la correction constante que nous employons pour réduire les observations du Baromètre est, si l'on veut les comparer aux indications du Baromètre de l'Observatoire de Paris, de 0,39 trop forte, c'est-à-dire qu'il faut les retrancher de toutes nos observations.

Le Baromètre donne comme moyenne générale des dix années 760,18, pour les six observations de 6 heures du matin à 9 heures du soir. Toutes les observations ont été réduites à 0 température et le niveau de la cuvette à la hauteur du sol, nous avons divisé le total général obtenu par chaque direction du vent par le nombre de chacune d'elles et cela, non seulement pour le Baromètre, mais aussi pour toutes les valeurs discutées ici.

Le Baromètre donne comme moyenne des dix ans : 760,18.

SAISONS

Hiver	Printemps	Été	Automne
761,25	759,10	760,77	759,61

Le maximum est en Hiver, le minimum au Printemps, différence = 2,15.

L'Été a 1,67 de plus que le Printemps, l'Automne, 1,16 de moins que l'Été et 1,64 de moins que l'Hiver.

D'une saison à l'autre, total des différences = 3,31.

La température moyenne des dix ans = 13,90.

Hiver	Printemps	Été	Automne
7,37	13,22	20,51	14,47

Le maximum est en Été, le minimum en Hiver, différence : 13°,14.

L'augmentation est moindre de l'Hiver au Printemps que de celui-ci à l'Été ; la décroissance est moindre de l'Été à l'Automne que de l'Automne à l'Hiver, mais dans sa première période, elle est plus forte que l'augmentation ne l'est dans la période correspondante.

Total des différences = 13,14.

Tension de la vapeur d'eau, moyenne des dix ans = 9,29.

Hiver	Printemps	Été	Automne
6,11	8,08	13,09	9,86

Le maximum est en Été, le minimum en Hiver, différence = 6,98.

L'augmentation est moindre de l'Hiver au Printemps que de ce dernier à l'Été ; la décroissance forme deux parties presque semblables, mais la première période est un peu plus forte que la seconde.

Ainsi, pour le Baromètre, la température de l'air et la tension de la vapeur d'eau, les saisons ne partagent pas l'année en quatre parties égales, il y a de plus une différence sensible entre la marche du Baromètre et celle des deux autres valeurs, le Baromètre présente un second maximum en Été, tandis que la température de l'air et la tension de la vapeur d'eau présentent une augmentation pendant six mois et une décroissance pour les deux autres saisons.

Moyenne Générale — Année.

Heures.	6 h.	9 h.	midi	3 h.	6 h.	9 h.		
Baromètre....	760,06	760,55	730,23	759,76	760,02	760,49	$\pm$ =	1,22
Température..	10,02	13,76	17,04	17,08	13,96	11,52	=	7,06
Tension.. ...	8,69	9,43	9,54	9,47	9,40	9,17	=	0,85

Nous donnons à la suite des moyennes le total de leurs différences tri-horaires, ce total diffère de l'écart des extrêmes pour le baromètre seulement.

Le maximum du Baromètre est à 9 h. du matin, le minimum à 3 h. du soir ; second maximum à 9 h. du soir. Différence totale = 0,79.

Le maximum de la température est à 3 h. du soir, le minimum à 6 h. du matin. Différence totale = 7,06.

Tension, maximum à midi, minimum à 6 h. du matin. Différence = 0,85, à 6 et 9 h. du matin, les différences tri-horaires sont affectées du même signe pour ces trois valeurs, Baromètre, température, tension ; à 3 et 9 h. du soir, le signe est positif pour le Baromètre, négatif pour la température et la tension, à midi c'est le contraire ; Enfin, à 3 h. du soir le Baromètre et la tension ont le signe négatif et la température a le signe contraire ; le Baromètre monte de 6 à 9 h. du matin et de 3 à 9 h. du soir ; il baisse de 9 h. du matin à 3 h. du soir, puis de 9 h. du soir à 6 h. du matin (nous ne discutons que les observations de cette série tri-horaire). La température a son maximum d'augmentation de 6 à 9 h. du matin ; ce mouvement continue jusqu'à 3 h. du soir, mais depuis midi, il est extrêmement faible, le maximum de sa décroissance est de 3 à 6 h. du soir ; la tension n'augmente que jusqu'à midi, encore faut-il remarquer que cette augmentation est faible depuis 9 h. du matin, elle diminue très-doucement jusqu'à 6 h. du soir, mais le maximum de cette diminution est de 9 h. du soir à 6 h. du matin. En général, les trois valeurs données par le Baromètre, la température et la tension, ont chacune une marche qui leur est propre.

Moyenne Générale — Heures par Saisons

Hiver.	6 h.	9 h.	midi	3 h.	6 h.	9 h.		
Baromètre.......	760,91	761,73	731,35	760,87	761,21	761,44	=	1,39
Température.....	4,13	6,22	10,38	10.37	7,25	5,87	=	6,25
Tension........ ..	5,57	6.02	6,41	6,40	6,23	6,01	=	0,84

Baromètre maximum 9 h. du matin, minimum 3 h. du soir, diff. == 0,86
Température — midi, — 6 h. matin — = 6,25
Tension — midi, — id. — = 0,84

A 6 h., 9 h. du matin et 3 h. du soir, ces trois valeurs ont leurs diffé-rences affectées des mêmes signes ; seulement, la baisse barométrique est très-forte de midi à 3 h. du soir, tandis que la température et la tension sont on peut dire égales à ce qu'elles étaient à midi. La hausse du Baro-mètre est considérable de 6 h. à 9 h. du matin, l'augmentation de la tem-pérature est du double de 9 h. à midi de ce qu'elle est pendant les trois heures précédentes, la tension augmente au contraire plus de 6 à 9 h. que de 9 h. à midi ; de 3 à 6 h. du soir la température décroît plus rapi-dement que de 6 à 9 h. du soir. L'inverse se produit pour la tension.

Printemps.	6 h.	9 h.	midi	3 h.	6 h.	9 h.	
Baromètre......	759,06	759,43	759,17	758,65	758,85	759,47	= 1,19
Température.....	8,94	13,48	16,18	16,35	13,64	10,77	= 7,41
Tension........	7,70	8,31	8,19	8,03	8,09	8,18	= 0,76

Baromètre maximum à 9 h. du soir, minimum à 3 h. du soir, diff. = 0,82
Température — 3 h. du soir, — 6 h. matin, — = 7,41
Tension — 9 h. du matin, — 6 — — = 0,61

Les différences du Baromètre et de la tension sont partout affectées du même signe, la température à midi et 3 h. du soir a le signe positif ; le signe négatif à 6 et à 9 h. du soir ; la température augmente jusqu'à 3 h. du soir, beaucoup de 6 à 9 h. du matin, puis jusqu'à midi ce mouve-ment est très-sensible, il est faible ensuite ; l'augmentation de la tension est relativement considérable de 6 à 9 h. du matin, mais cette valeur dé-croît jusqu'à 3 h. et elle augmente ensuite jusqu'à 9 h. du soir.

Été.	6 h.	9 h.	midi	3 h.	6 h.	9 h.	
Baromètre......	760,83	761,05	760,84	760,39	760,41	761,16	= 0,99
Température....	16,42	21,05	23,70	23,85	20,96	17,10	= 7,43
Tension......	12,56	13,35	13,36	13,23	13,14	12,90	= 0,80

Baromètre maximum à 9 h. du soir, minimum 3 h. du soir, diff. = 0,77
Température — 3 h. du soir, — 6 h. du mat. — = 7,43
Tension — midi, — 6 h du mat. — = 0,80

Les trois valeurs ont encore les mêmes signes à 6 et à 9 h. du matin, mais la hausse du Baromètre est plus faible de 6 à 9 h. que la baisse qui se produit de 9 h. à mid ; de 3 à 6 h. du soir, il n'y a qu'une faible différence ; de 6 à 9 h. le mouvement de hausse est très-fort ; la température suit les mêmes ondulations qu'au printemps ; la tension, qui offre une augmentation considérable de 6 à 9 h. du matin, ne continue ce mouvement qu'insensiblement et jusqu'à midi.

Automne.	6 h	9 h.	midi	3 h.	6 h.	9 h.	
Baromètre.......	759,46	760,00	759,58	759,13	759,60	759,89	= 1,30
Température.....	10,58	14,30	17,91	17,75	13,99	12,34	= 7,33
Tension.........	8,93	10,07	10,20	10.22	10,16	9,62	= 1,29

Baromètre maximum à 9 h. du matin, minimum à 3 h. du soir, diff. = 0,87
Température   —   midi,   —   6 h. du mat. — = 7.33
Tension   —   3 h. du soir, —   —   — = 1.29

La température augmente jusqu'à midi, la tension jusqu'à 3 h. du soir, la différence de la température de 9 h. à midi égale presque celle qui est entre 6 h. et 9 h. du matin, mais la tension augmente considérablement de 6 à 9 h. du matin, puis peu de 9 h. à midi.

A 6 h. du matin, le Baromètre, la température de l'air et la tension de la vapeur d'eau ont toujours, si l'on considère la moyenne générale de chaque saison, une valeur moindre qu'à 9 h. du soir, l'inverse se produit de 6 h. à 9 h. du matin ; le maximum de cette augmentation est l'Hiver pour le Baromètre, l'Été pour la température et l'Automne pour la tension. Le Baromètre baisse ensuite jusqu'à 3 h. du soir, cette baisse est de 0,87 ; l'Automne est partagée en deux parties presque égales par l'heure de midi ; de 0,86 l'Hiver, elle est plus forte de midi à 3 h. que de 9 h. à midi ; l'Été, elle est de 0,66 et plus forte aussi de midi à 3 h. ; mais c'est le Printemps qui offre la plus grande différence (0,78) ; entre midi et 3 h. du soir la baisse (— 0,52), elle est double de celle qui se produit de 9 h. à midi (— 0.26).

La hausse qui se produit ensuite est plus forte l'Hiver et l'Automne de 3 h. à 6 h., que de 6 h. à 9 h. du soir ; au Printemps, la première partie de cette hausse est le tiers seulement de celle qui est de 6 à 9 h. du soir, et l'Été, il y a presque égalité entre 3 et 6 h. du soir et montée rapide de 6 à 9 h.

La température augmente jusqu'à midi l'Hiver et l'Automne ; jusqu'à 3 h. du soir pendant les autres saisons. Cette augmentation est le double de 9 h. à midi de ce qu'elle est de 6 à 9 h. du matin, c'est le contraire au Printemps et l'Été, mais l'Automne, l'augmentation de la température

de 9 h. à midi est presque semblable à celle qui se manifeste de 6 à 9 h.
du matin ; la diminution est pour ainsi dire nulle l'Hiver de midi à 3 h.
du soir ; ce mouvement rapide de 3 à 6 h. n'est plus qu'assez lent de 6 à
9 h. du soir, l'Automne présente sensiblement la même marche. Au
Printemps l'abaissement de la température est moindre de 3 à 6 h. que
de 6 à 9 h. du soir. C'est aussi ce qui se présente l'Été, mais alors plus
accentué.

La tension, l'Hiver, augmente plus de 6 à 9 heures du matin que de
9 h. à midi, elle diminue peu jusqu'à 3 h., la diminution est plus accentuée de 6 à 9 h. que de 3 à 6 h. du soir ; au Printemps, elle augmente
beaucoup jusqu'à midi, puis faiblement depuis 3 h. jusqu'à 9 h. du soir,
au milieu du jour elle baisse pendant six heures ; l'Été, elle augmente
considérablement de 6 à 9 h. du matin, puis peu de 9 h. à midi ; la baisse
sensible de midi à 3 h. s'atténue un peu de 3 à 6 h., puis est très-sensible
de 6 à 9 h. du soir ; l'Automne la tension augmente encore plus que l'Été
de 6 à 9 h. du matin ; ce mouvement se produit jusqu'à 3 h. du soir en
s'affaiblissant dès midi, la baisse qui suit est faible de 3 à 6 h. et considérable de 6 à 9 h. du soir.

Enfin de 9 h. du soir à 6 h. du matin, c'est l'Hiver que le Baromètre
baisse le plus, l'Été qu'il baisse le moins, et le Printemps que la température diminue le plus.

L'Été que la température diminue le moins.

L'Automne que la tension diminue le plus.

L'Été — — — le moins.

L'humidité relative de l'air donne 74,0 comme moyenne générale pour
les dix années ; l'Hiver et l'Automne = 77 ; le Printemps 70, l'Été 72 :
pour les six heures de nos observations, le maximum annuel est à 6 h. du
matin = 88, le minimum est à 3 h. du soir = 62, de un centième seulement inférieur au nombre que donne midi, 6 h. du soir a 75 et 9 h. = 85 ;
il y a diminution sensible de 6 h. à midi et baisse un peu moindre de 3 à
9 h. du soir ; de 9 h. du soir à 6 h. du matin il n'y a qu'une baisse,
moyenne générale, de trois centièmes.

L'état du ciel donne 6,2 comme moyenne générale : l'Hiver présente le
maximum de nébulosité = 6,7 ; l'Été le minimum = 5,5 ; le Printemps
donne 6,4 ; l'Automne 6,3 ; pour les heures du jour, le maximum est à
6 h. du matin = 6,8 ; le minimum à 9 h. du soir = 5,4 ; c'est depuis 6 h.
du soir que cette décroissance, qui règne tout le jour, est la plus forte
= 0,6 ; entre les autres heures, elle n'est que de 0,2 ou 0,3. L'état ordinaire du ciel est ici nuageux.

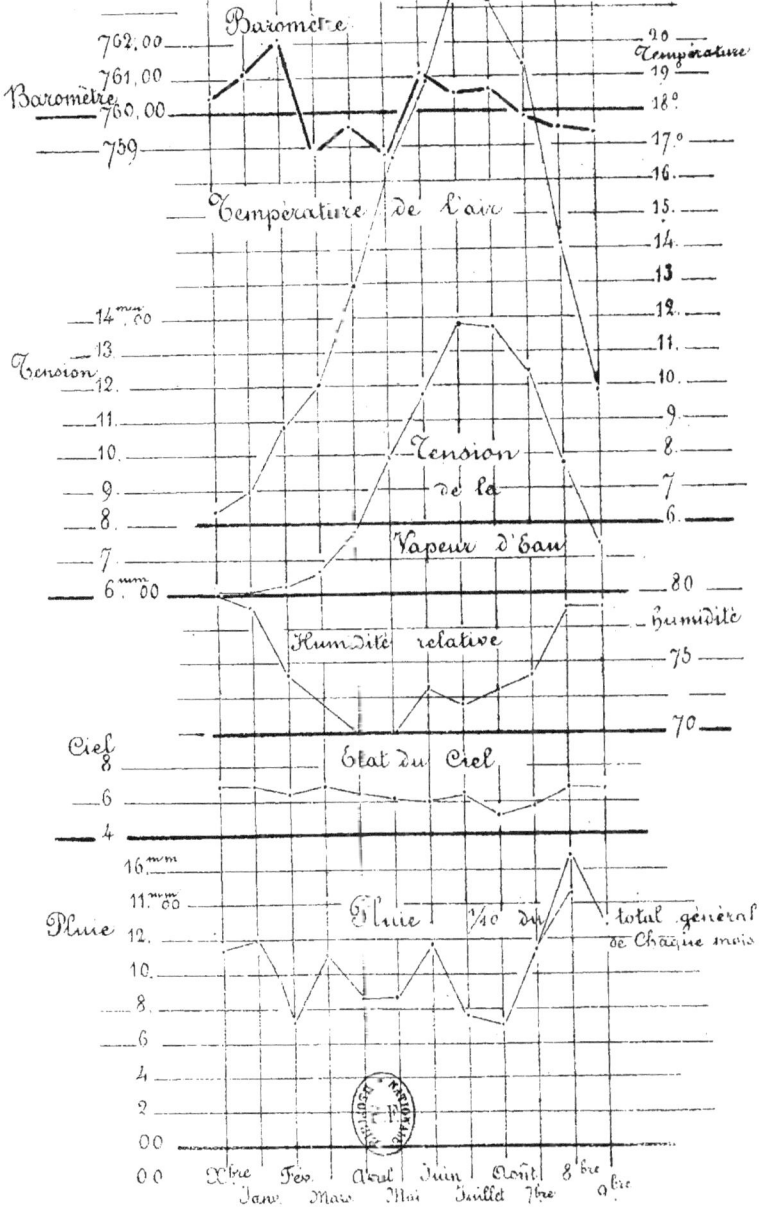

Traduit. o o

1867 - 1876 Moyenne Générale. (Série tri-horaire)

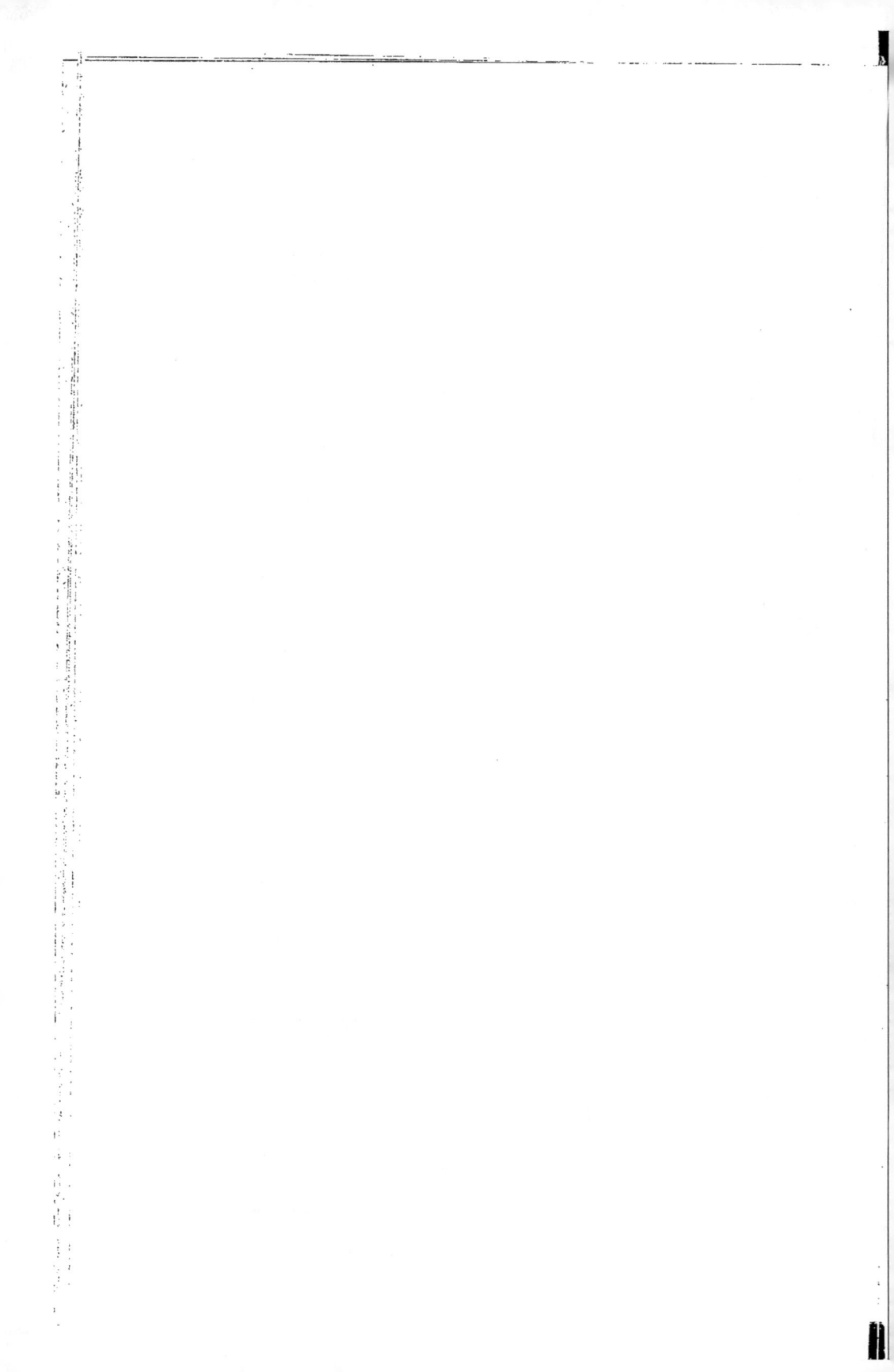

Pluie, le dixième du total général est de 1268mm,82 pour une année moyenne ; c'est l'Automne qui a le maximum des saisons = 412,73, l'Été offre le minimum = 265,57, le Printemps donne 283,96 et l'Hiver 306,56. Les heures ont le maximum pendant la nuit, puisque de 9 h. du soir à 6 h. du matin il y a le total 524mm,27 qui, divisé par trois pour rétablir les observations de la série tri-horaire complète, donne 174m,75 ; de 6 à 9 h. du matin, nous avons 173m,70. le minimum est de midi à 3 h. du soir, cette dernière observation donnant le total de 127m,18 ; ainsi il y a généralement diminution jusqu'à 3 h. du soir ; 6 h. du soir présente un maximum relatif = 158mm,70 et 9 h. n'a que 145m,47, il y a diminution depuis 6 h. du soir.

De la direction du Vent, de son Intensité

Les observations ont été faites avec une girouette météorologique très-sensible, dont nous avons donné la description précédemment, elle est placée à 7 mètres 50 du sol. Nous avons tenu compte, surtout pour les faibles brises, de la direction de la fumée des cheminées des habitations voisines ; le soir, ou lorsque nous ne pouvions avoir cette indication, nous avons employé la flamme d'une bougie ordinaire en nous plaçant à 3 mètres au-dessus du sol de la prairie où sont exposés nos thermomètres, à soixante mètres de la maison.

Le nombre de jours compris dans ces dix années est de 3,653 ; chaque jour donnant six observations, nous devrions avoir le total général de 21,918, mais le tableau d'ensemble montre qu'il manque 296 observations ainsi réparties pour les douze mois : Décembre, 35 ; Janvier, 71 ; Février, 7 ; Mars, 7 ; Avril, 126 ; Mai, 7 ; Juin, 16 ; Juillet, 10 ; Août, 10 ; Septembre, 0 ; Octobre, 4 ; Novembre, 3 ; Hiver, 113 ; Printemps, 140 ; Été, 36 ;

Automne, 7. La comparaison n'en comprend donc que 21,622. Il y a 314 observations d'absence absolue de vent ; comme il a été tenu compte du moindre souffle, ce nombre est grand, surtout si l'on considère notre situation au fond du Golfe de Gascogne, entre le gouf de Cap-Breton et le bec du Gave de Pau, point extrême de cette suite de vallées des gaves qui descendent des Hautes-Pyrénées, ainsi que de cette imposante chaîne de montagnes dont les cimes inscrivent un climat sibérien dans la zône tempérée ; nous nous trouvons situés évidemment à un point où la circulation de l'air doit être active.

Pour obtenir la direction moyenne du vent nous avons déduit les nombres obtenus par les directions opposées les unes aux autres ; exemple, tableau d'ensemble n° 1 : Décembre, à N. nous avons 110 observations et à S. 108, il y a 2 en faveur du Nord. Il a été fait ainsi un complément pour chaque tableau ; il nous semble inutile de publier ce complément, car nous donnons son résumé dans les quatre dernières colonnes : N., O., S., E., à la droite de chaque tableau ; le reste de chaque soustraction a été multiplié par 6, afin de pouvoir tenir compte des lettres qui donnent à chaque nombre sa valeur. Ainsi, en Décembre, il nous reste 2 en faveur du N., que nous avons multipliés par 6 = 12 ; 35 à N.-E. multipliés par 3 dont le produit est attribué à E., puis également à E. ; enfin, 23 à E.-N.-E. qui sont multipliés par 4 pour E. et par 2 pour N. ; dans tous les cas il y a multiplication par 6. Puis, comparant toutes les sommes obtenues par ces produits, nous avons encore déduit les nombres des directions opposées les unes aux autres. Ces quatre dernières colonnes donnent en chiffres le résumé général de chaque tableau ; nous avons opéré de la même manière pour l'Intensité.

Intensité. — Pour la notation de la force du vent, nous avons suivi l'usage des anciens météorologistes, en les comprenant de 1 faible brise, à 5 tempête, ouragan ; mais comme le vent est encore sensible au-dessous de *faible brise*, nous avons pris trois autres termes : la simple indication de la direction lorsque le vent est à peine sensible, 1/4 ou . , 1/2 ou : , selon la force de l'action produite sur la flamme d'une bougie. Nous croyons avoir ainsi indiqué sur notre carnet tout état du vent au moment de l'observation ; il eût été préférable d'avoir un anémomètre, quoique cet instrument ne pouvant donner les dimensions du courant régnant laisse encore beaucoup à désirer.

Nous avons par conséquent huit degrés de force : la simple mention = 1 ; un quart = 2 ; demie = 3 ; force une = 4 ; force deux = 5 ; trois = 6 ; force quatre = 7 ; et force cinq = 8 ; de sorte que par exemple

le mois de Décembre à 6 h. du matin pour les dix années donne 21 direc·
tions du N., qui se décomposent :

$$
\begin{array}{rll}
8 = \text{simple mention} & \times\ 1 = & 8 \\
4 = \text{un quart} & \times\ 2 = & 8 \\
3 = \text{demie} & \times\ 3 = & 9 \\
4 = \text{force une} & \times\ 4 = & 16 \\
2 = \text{force deux} & \times\ 5 = & 10 \\
\hline
\end{array}
$$

Total de la direction = 21   Intensité = 51

L'Intensité modifie les données fournies par la direction seule : en Décembre pour les six observations nous trouvons S.-E.-S., au lieu de
E.-S.-E. ; en Janvier S.-O.-S, non plus S.-E. ; Février nous donne O.-S.-O.,
au lieu de E.-S.-E. ; en Octobre O.-S.-O., non pas S. ; enfin, Novembre
a S. au lieu de E.-S.-E.

Les autres mois suivent sensiblement la même marche lorsque l'on
compare l'Intensité à la Direction. Il en est de même pour l'année ; mais
comme les observations ont été faites par simple appréciation, nous n'in-
sistons pas sur ces différences, elles sont données par les tableaux.

Comme il est impossible de se rendre compte à la simple lecture de la
valeur relative des quantités données par les directions du vent et par
celles de l'Intensité, nous avons divisé chaque total Intensité par le total
correspondant de la direction du vent pour l'année, les saisons, les mois,
etc. ; nous appelons rapport de ces valeurs le quotient obtenu par cette
division et nous en donnons le tableau à la suite des autres.

C'est à la direction du vent venant du N.-O. que se trouve le maximum
d'ensemble des dix années ; le minimum est à celle du S.-E.-S. ; un second maximum est à E. ; N.-O.-N. forme un deuxième minimum n'offrant
qu'une légère différence avec le premier du S.-E.-S. Le rapport de l'Intensité à la direction a son maximum à O.-N.-O. et O. = 3,7 ; le minimum
à S.-E. = 2,2 (traduction graphique n° 1). La réduction de l'ensemble
général donne comme résumé O.-N.-O direction dominante ; il en est de
même pour l'Intensité.

Saisons. — *Hiver* (traduction graphique n° 2). Le maximum absolu est
à la direction E., le minimum à celle du N.-O.-N. ; un second maximum
est à O., un deuxième minimum à S.-E.-S. L'Intensité a le maximum
absolu à O., le second maximum à E. ; le minimum absolu à N.-O.-N., un
deuxième minimum à S.-E.-S. ; mais le rapport de ces quantités donne le
maximum à O.-S.-O., le minimum à E -S.-E. La réduction des observa-

tions générales de l'Hiver fait voir que dans cette saison E.-S.-E. est la direction dominante, mais l'Intensité a comme réduction S.-O.-S.

Printemps (traduction n° 2). — Le maximum absolu est à la direction du N.-O , le minimum à celle du S.-E.-S. Second maximum à E., deuxième minimum à N.-E.-N. ; l'Intensité ne diffère de la direction du vent que pour le second maximum qui est en N.-E. ; le rapport montre le maximum à O., le minimum E.-S.-E. La réduction donne comme valeur dominante O -N.-O.

Été. — La direction du N.-O. a le maximum absolu ; en S.-E.-S. est le minimum ; second maximum à E., deuxième minimum N.-E.-N. Il en est de même pour l'Intensité, mais le rapport donne le minimum absolu en S., le second maximum en N.-E., et le deuxième minimum à N. La réduction indique O.-N.-O. comme valeur dominante.

Automne. — Maximum absolu à la direction de l'E., autres maximum à N.-O. et S.-O. ; minimum absolu à N.-E.-N. ; autre minimum à S.-E.-S. L'Intensité a le maximum absolu à N.-O., le minimum à N.-E.-N. ; l'E. n'a qu'un maximum inférieur à ceux qui sont en S.-O. et O. et un second minimum est à S.-E.-S. ; le rapport place le maximum absolu à O.-S.-O., le minimum à S.-E., un second maximum est en N.-E. La réduction donne E.-S.-E. comme valeur dominante pour la direction et O.-S.-O. quant à l'Intensité.

La direction dominante est en Hiver E.-S.-E. ; au Printemps et l'Été O.-N.-O. ; puis l'Automne retour à E.-S.-E. L'Intensité donne l'Hiver S.-O.-S., le Printemps et l'Été comme la direction ; l'Automne O.-S.-O. Le rapport maximum de ces quantités est O.-S.-O. l'Hiver ; O. le Printemps ; N.-O. l'Été ; O.-S.-O. l'Automne ; le minimum du rapport : E.-S.-E. l'Hiver et le Printemps ; il est en S. l'Été ; S.-E. l'Automne. Il y a en quelque sorte rotation du vent E. à O. par S., et retour à E. par N., et la force dominante est toujours à O., mais elle oscille de S. à N.

Le rapport montre que le maximum général de la force du vent est au Printemps, l'Hiver vient ensuite, puis l'Automne ; l'Été présente le minimum.

Les mois de l'année offrent aussi une rotation : le maximum E. en Décembre diminue pendant Janvier et Février, il saute à O. en Mars, se porte à N.-O. en Avril où il reste jusqu'à Septembre. Juillet donne le maximum de ce mouvement, car déjà au mois d'Août il y a un commencement de retour vers l'E. et c'est cette direction qui domine l'O. pour Octobre et Novembre. Ce mouvement s'est produit par le Sud en Septembre et Octobre. Ainsi, le maximum de la direction du vent d'E.-S.-E. en

Décembre se porte à O. par S., puis à O.-N.-O. et par S. retourne à E.-S.-E.

En Décembre seulement, l'Intensité donne l'avantage à E. sur O., le mouvement s'effectue alors de S.-E.-S. en Décembre, à O.-N.-O par S., puis le retour à S. par O.

Heures. — 6 h. du Matin. — Le maximum absolu est à la direction du vent venant de l'E., le minimum à celle du N.-O.-N. ; il y a deux autres maximum à S.-O. et à O., un deuxième minimum est à S.-E.-S. ; l'Intensité présente les mêmes termes opposés que la direction du vent, mais le rapport de ces valeurs place le maximum absolu à O.-N.-O, le minimum S.-E.-S.

9 h. du Matin. — Le maximum absolu à la direction E., minimum N.-E.-N. ; second maximum à O., autres minimum à N.-O.-N. et S.-E.-S. ; pour l'Intensité le maximum absolu est à O., second maximum à E. ; minimum absolu à N.-E.-N., autres minimum à S.-E.-S. et N.-O.-N., le rapport a le maximum absolu à O., le minimum à S.-E., autres maximum d'E. à N.-E.-N.

Midi. — Le maximum absolu à la direction du N.-O., second maximum à N.-E. ; minimum absolu S.-E.-S. ; à S.-O.-S., autre minimum ainsi qu'à N.-O.-N. ; les deux minimum sont réellement en S. et N., les maximum O. et E. L'Intensité donne les mêmes termes en les accentuant ; le rapport présente une grande région de maximum de O.-N.-O. à S.-O.-S. déprimée légèrement en S.-O., le minimum absolu en S.-E., un maximum relatif à N.-E. et E.-N.-E.

3 h. du Soir. — Le maximum absolu est à la direction du N.-O., maximum relatif à N.-E. Autre minimum dans la région du S. et dans celle du N. L'Intensité reproduit les mêmes faits. Le rapport donne le maximum absolu à la région du N.-O.-N. à O., le minimum absolu à E.-S.-E.

6 h. du Soir. — La direction du vent du N.-O. a le maximum absolu, le minimum est dans la région du S. ; second maximum à E., deuxième minimum région du N. ; il en est de même pour l'Intensité ; le rapport donne le maximum absolu à O.-S.-O., minimum à S.-E.

9 h. du Soir. — Maximum absolu à O., minimum à N.-O.-N. ; second maximum à E. L'Intensité reproduit les mêmes faits. Le rapport a le maximum aussi à O., le minimum absolu est à E.

Ainsi, à 6 h. du matin, le maximum est à E. pour la direction et la force du vent, et O.-N.-O. quant au rapport de ces valeurs ; un second maximum très-accentué se trouve au point opposé en O. pour la direction et l'Intensité, en E. selon le rapport. A 9 heures du matin, la direction seule donne l'avantage à E., l'influence de O. augmente jusqu'à 3 h.

du soir au détriment de l'E., elle diminue à 6 h., et pour la direction, elle est faible à 9 h. du soir. 6 h. du matin donne le minimum d'Intensité d'après le rapport ; midi, le maximum absolu ; une légère diminution se montre à 3 h. du soir ; ce mouvement est très-sensible jusqu'à 6 h., il continue en s'atténuant.

Heures par Saisons. — L'Hiver, le maximum de la direction du vent est à E. pour 6 h. du matin, O. n'a qu'un second maximum, il en est de même à 9 h., mais à midi O. domine un peu E. ; à 3 h. du soir retour du maximum à N.-E., 6 h. donne l'avantage à O. qui, à 9 h. du soir, est sensiblement dominé par E. ; quant à l'Intensité, le maximum est pour toutes les heures à O., mais il diminue à 3 et à 6 h. du soir ; le minimum est toujours dans la région de l'E.

Printemps. — Le maximum de la direction du vent est pour 6 h. du matin à E. ; la région de l'O. n'a que le second maximum à 9 h. ; l'inverse se produit et continue aux autres heures, le point culminant de ce mouvement en faveur de O. est à 3 h. du soir ; l'Intensité a le maximum dans la région de l'O., elle augmente jusqu'à 3 h. du soir.

Été. — La région de O.-S.-O. domine très-peu celle de l'E. pour la direction du vent à 6 h. du matin ; depuis 9 h. le maximum est à N.-O., sa valeur augmente jusqu'à 3 heures du soir, elle diminue ensuite. Le second maximum qui est en E. à 9 h. du matin se porte à N.-E. pour midi, puis revient E. à 3 h. et à 6 h. du soir. L'Intensité donne à la région de l'O. l'avantage sur E., le maximum est à 3 h. du soir, le minimum à 9 h. du soir.

Automne. — A 6 h. du matin la direction de l'E. domine, à 9 h. cet avantage diminue un peu et un second maximum se trouve à S.-O. ; à midi l'avantage est à la région de l'O., le maximum absolu est en N.-O., un autre maximum en S.-O., dans la région de l'E. il n'y a plus que des maximum relatifs ; à 3 h. le maximum absolu est à N.-O., le second maximum est à N.-E. ; à 6 h. du soir, c'est encore la région de l'O. qui domine, mais à 9 h. le maximum est revenu à E. L'Intensité donne le maximum à O. de 6 h. du matin à midi où il est au plus haut, il marche vers le S., est à O. à 3 h. ; O.-S.-O. à 6 h. et enfin O. pour 9 h. du soir.

Ainsi, à 6 h. du matin, le maximum des directions du vent est à E. l'Hiver, le Printemps et l'Automne ; mais l'Été c'est O. qui a un peu l'avantage sur E. A 9 h. du matin E. ne domine l'O. que pendant l'Hiver et pendant l'Automne. A midi, 3 h., 6 h. du soir, O. a l'avantage dans toutes les saisons ; le maximum de cet avantage est l'Été à 3 h. du soir ; à 9 h. du soir E. domine O. l'Hiver et l'Automne, le contraire se produit le

Printemps et l'Été. Le maximum absolu de l'Intensité du vent se présente à midi au Printemps (total général). Le minimum est l'Été à 6 h. du matin ; nous avons vu que toujours la région de l'O. domine celle de l'E. C'est l'Été de 9 h. du matin à 3 h. du soir que cette opposition est le plus nettement indiquée.

Résumé. — Les dix années donnent le maximum de la direction et de la force du vent à N.-O., la réduction aux quatre principaux points le met à O -N.-O. Le minimum est à S.-E.-S. Un second maximum est dans la région de l'E. L'Hiver et l'Automne la direction E.-S.-E. domine celle de l'O. ; le Printemps et l'Été c'est le contraire ; l'Intensité a toujours le maximum dans la région de l'O., et un maximum relatif dans celle de l'E. La plus grande force est au Printemps, la moindre l'Été, l'Hiver vient ensuite plus fort que l'Automne.

Les heures, considérées en général, donnent le maximum de la direction à E. aux deux observations de 6 et 9 h. du matin, le contraire se produit aux autres heures, le maximum de l'avantage de l'O. est à 3 h. du soir. La plus grande force du vent est généralement à midi et 3 h. du soir, la moindre à 6 h. du matin. La région de l'O. domine toujours celle de l'E. Si l'on considère le rapport de ces quantités à 6 h. du matin, le maximum est à la direction de la région de l'E. en Automne, Hiver et Printemps ; à 9 h. il n'y est plus que l'Automne et l'Hiver ; à midi il est en O. dans toutes les saisons, mais à 3 h. il retourne à E. pendant l'Hiver, où il se trouve à 9 h. du soir pour l'Automne et l'Hiver ; dans tous les cas, en face du maximum absolu, nous avons un autre maximum qui lui fait opposition, d'où nous pouvons conclure qu'il y a lutte entre la région de l'O. et celle de l'E., que cette lutte suit la marche des saisons et celle des heures du jour.

Baromètre. — (Traduction graphique n° 10.) — La moyenne générale des dix années est : 760,18. L'ensemble annuel donne le maximum à la direction N. = 761,92 (= + 1,74), le minimum au S.-O -S. = 757,29 (= — 2,89). La différence entre ces valeurs extrêmes est de 4,63, un palier règne de N.-O.-N. à O.-N.-O., sa hauteur moyenne est de 761,00 ; un autre est de E.-S.-E. à E.-N.-E. = 760,50. La région de l'E. est un peu inférieure à celle de l'O. ; le maximum réel est en N.-O. ; l'E. forme un second maximum, le minimum dans la région du S. un peu vers l'O. Moyenne générale = 760,18 N. = + 1,74, S.-O.-S. = — 2,89, différence des extrêmes = 4,63.

SAISONS. — *Hiver*. — La moyenne de la saison est 761,25 (maximum des saisons) ; le maximum est à la direction N.-E.-N. = 763,64 (= + 2,39), le minimum à S.-O.-S. = 757,71 (= — 3,54), la différence entre ces extrêmes est de 5^{mm},93, maximum des différences des saisons ; un second maximum est en N., N.-O.-N., N.-O. = 762,80 ; un autre en E. = 762,76, celui-ci est séparé du maximum absolu par un minimum relatif qui est à E.-N.-E. et N.-E. = 761,90. Le maximum réel est par conséquent dans la région du N.-E., le minimum dans celle du S.-O.

Printemps. — Moyenne de la saison = 759,10, minimum des saisons ; le maximum est à la direction du N. = 760,90 (= + 1,80) légère dépression en N.-O. = 760,34, qui forme un minimum relatif, car O.-N.-O. = 760,70, autre maximum en N.-E.-N. = 759,81 et N.-E. = 759,64, le maximum réel est donc de N.-E. à O.-N.-O. par N. ; minimum absolu à S.-O.-S. = 755,21 (= — 3,89), la différence des extrêmes absolus est de 5^{mm},69 ; enfin un palier se trouve de E.-S.-E. à E.-N.-E. par E. = 758,80, le minimum est dans la même région qu'en Hiver, c'est-à-dire en S. ; le maximum est aussi en N., mais O. domine E. Été, moyenne de la saison, 760,77. Le maximum absolu est à N.-E.-N. = 761,76 (= + 0,99), second maximum à O.-N.-O. = 761,68, minimum absolu à E. = 759,76 (= — 1,01), la différence des extrêmes est de 2^{mm},00, c'est la moindre de celles des saisons ; un autre minimum est en S.-O.-S. = 760,03 ; du S. à E.-S.-E. il y a un léger relèvement, le maximum réel est à N.-O.-N., le minimum à E.

Automne. — Moyenne de la saison 759,61 ; maximum 762,37 (= + 2,76), minimum à S. = 756,63 (= — 2,98), le point E. donne 760,60, celui de l'O. 759,87, ce dernier est dominé par l'autre. Ainsi, c'est en Hiver que le Baromètre présente la plus grande différence entre les extrêmes absolus pour les seize directions du vent, en Été la moindre ; le Printemps, l'Automne donnent un écart qui est très-près de celui de l'Hiver, mais c'est le Printemps qui a le minimum de ces deux saisons ; en Été, l'écart se partage également au-dessus et au-dessous de la moyenne de la saison, il est un peu plus grand au-dessous de cette moyenne en Automne, beaucoup plus fort dans le même sens pendant l'Hiver, il est considérable au Printemps.

Différence des extrêmes absolus avec la moyenne.

Hiver + 2,39	Printemps + 1,80	Été + 0,99	Automne + 2,76
> 5,93	> 5,69	> 2,00	> 5,74
— 3,54	— 3,89	— 1,01	— 2,98

Le minimum est au S., le maximum au N. pendant l'Hiver, le Printemps et l'Automne. E. est plus grand que O. en Hiver et pendant l'Au-

Traduction graphique N°1

Vent dix Ans

Direction et Intensité

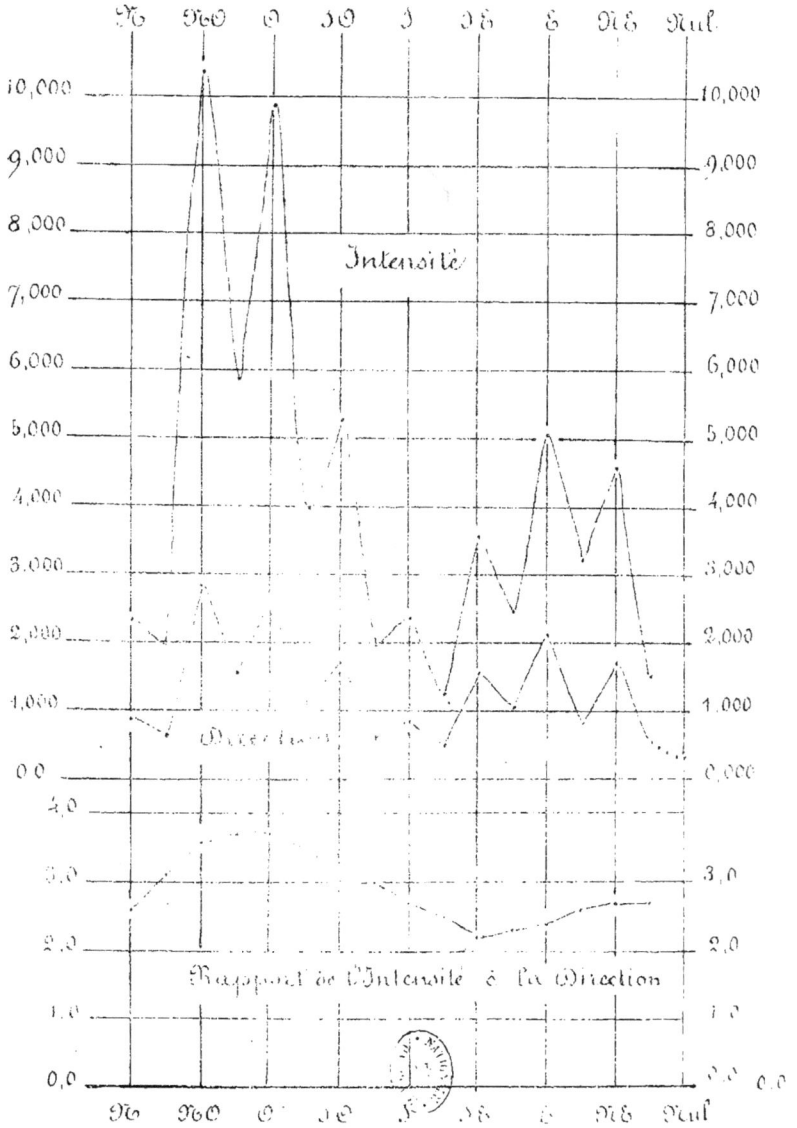

N NO O SO S SE E NE Nul

| 10,000 | | | | | | | | | 10,000 |

9,000 — 9,000

8,000 — 8,000

Intensité

7,000 — 7,000

6,000 — 6,000

5,000 — 5,000

4,000 — 4,000

3,000 — 3,000

2,000 — 2,000

1,000 — 1,000

Direction

0.0 — 0,000

4,0

3,0 — 3,0

2,0 — 2,0

Rapport de l'Intensité à la Direction

1,0 — 1,0

0,0 — 0,0

N NO O SO S SE E NE Nul

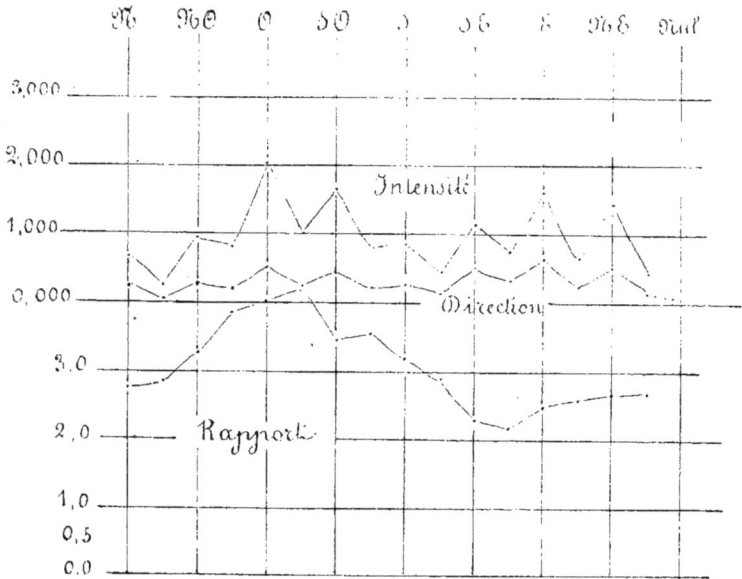

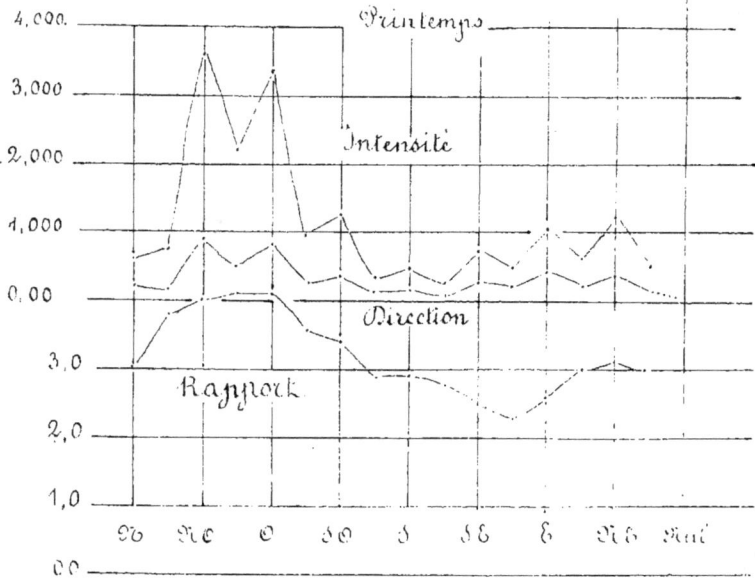

Eté   Vent Dix Ans

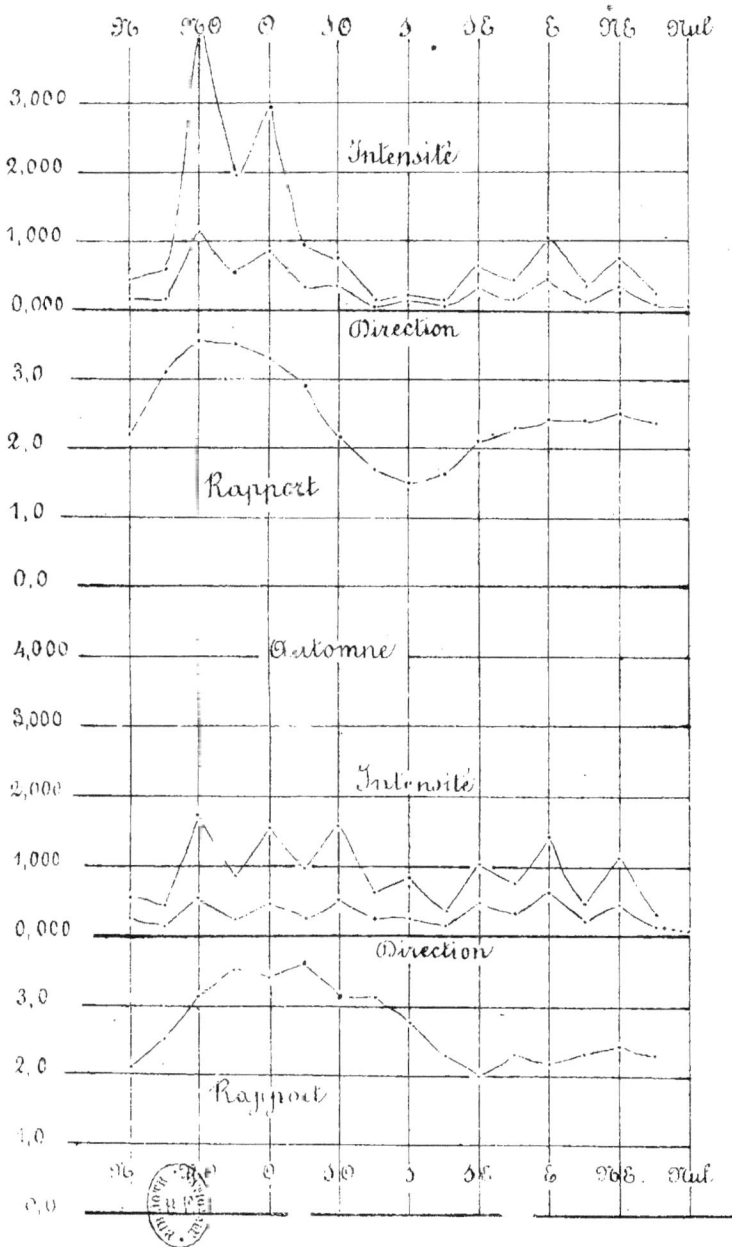

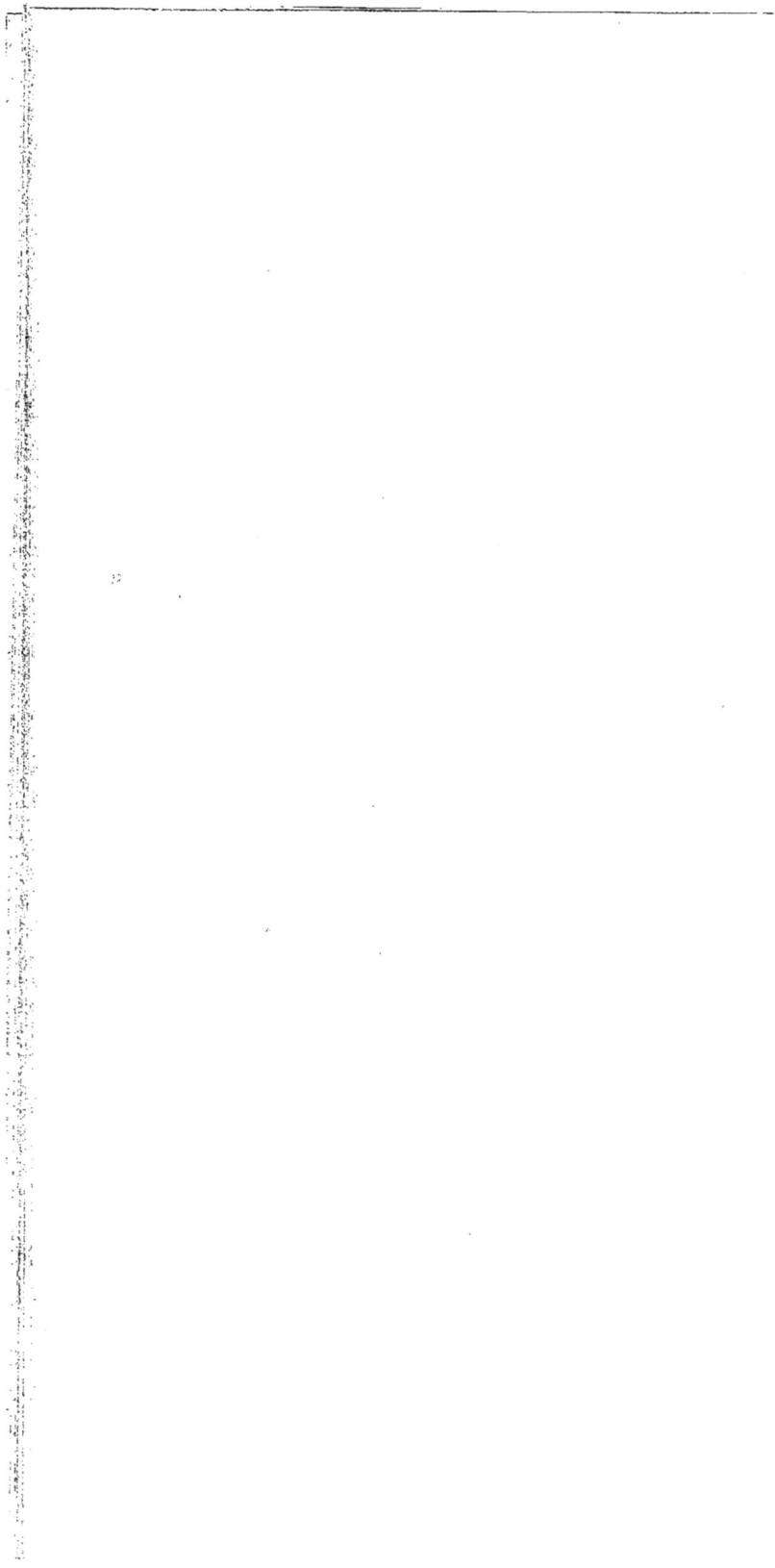

No. 3

Vent Dix Ans

6 h du matin

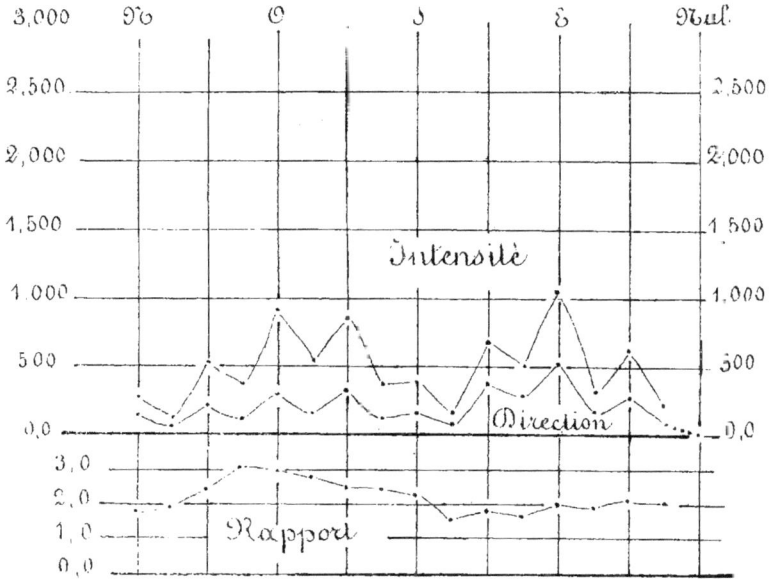

9 h du matin

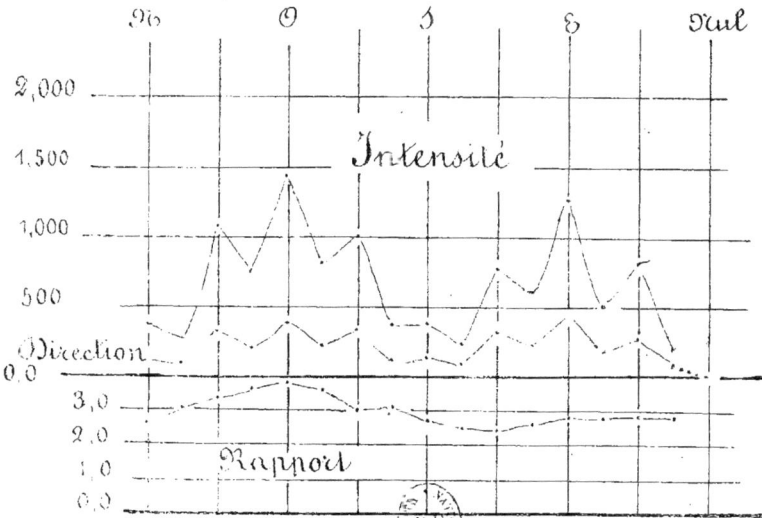

Nᵒ 4

Vent Dir Ans

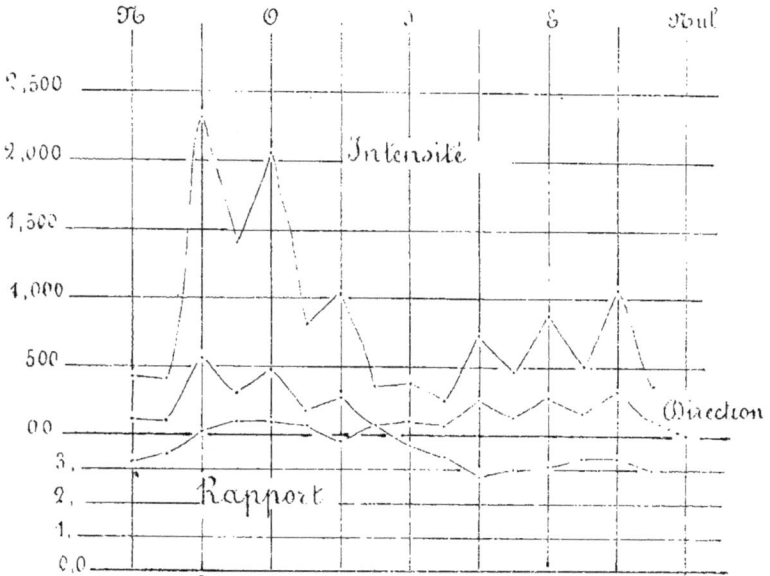

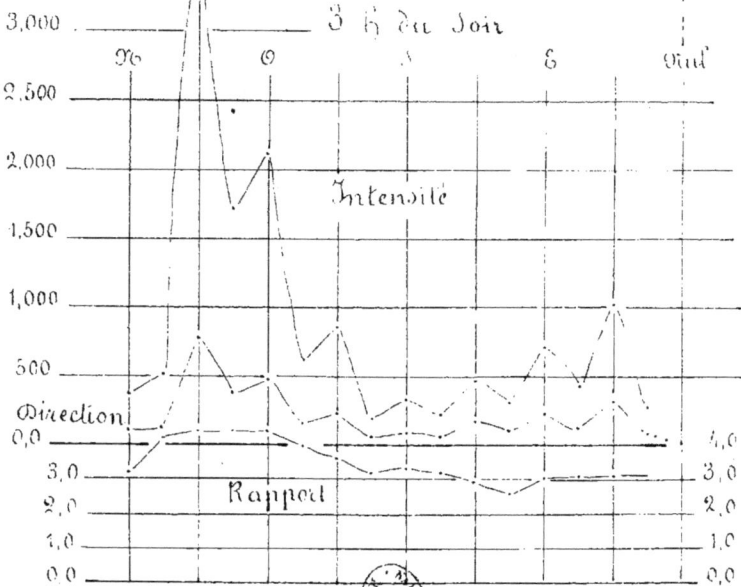

Vent dix ans

6 h du soir

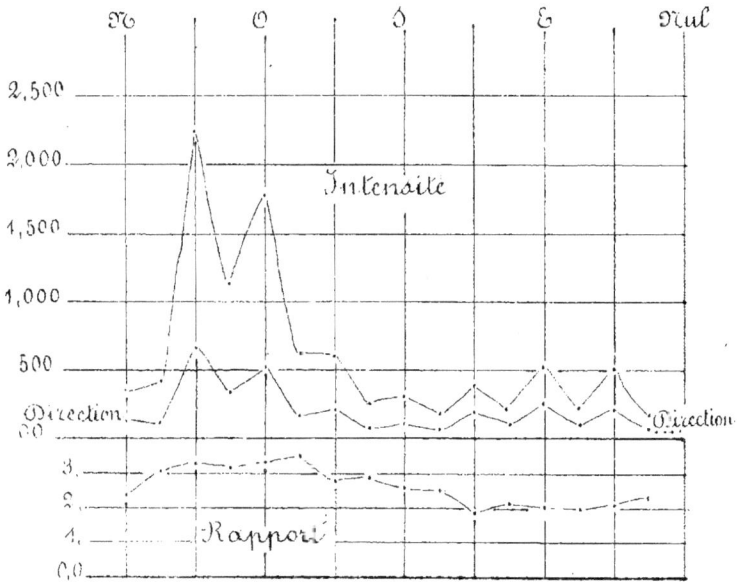

5 h du soir

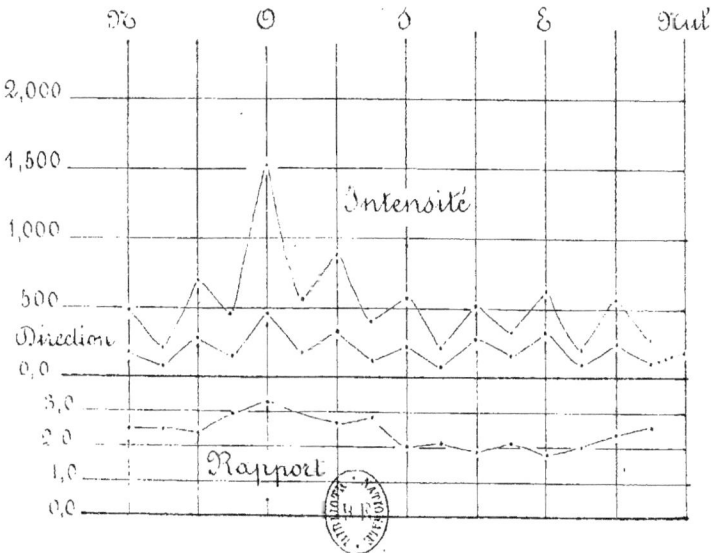

N°. 6

HIVER

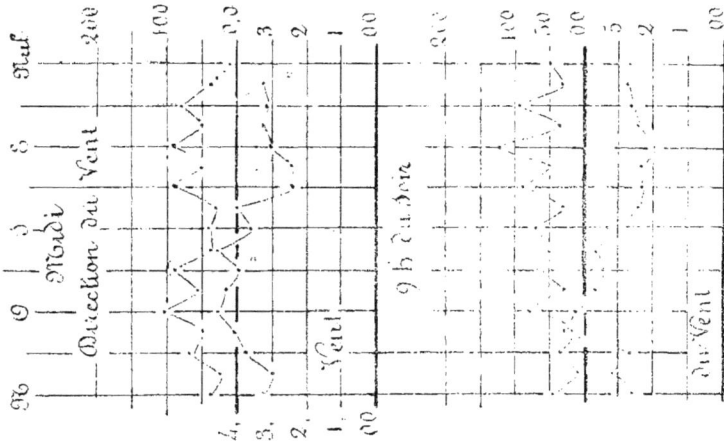

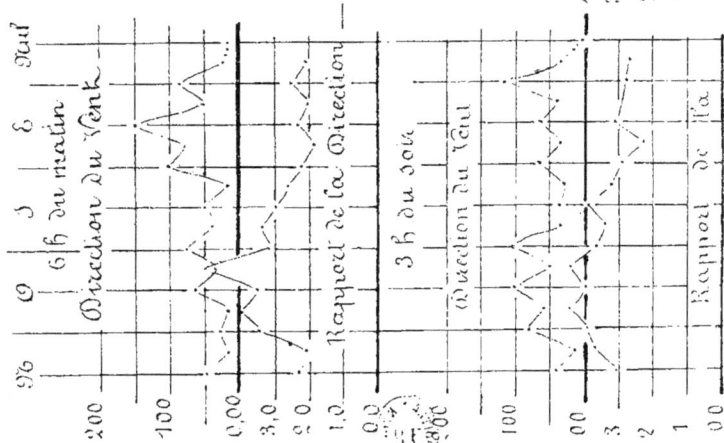

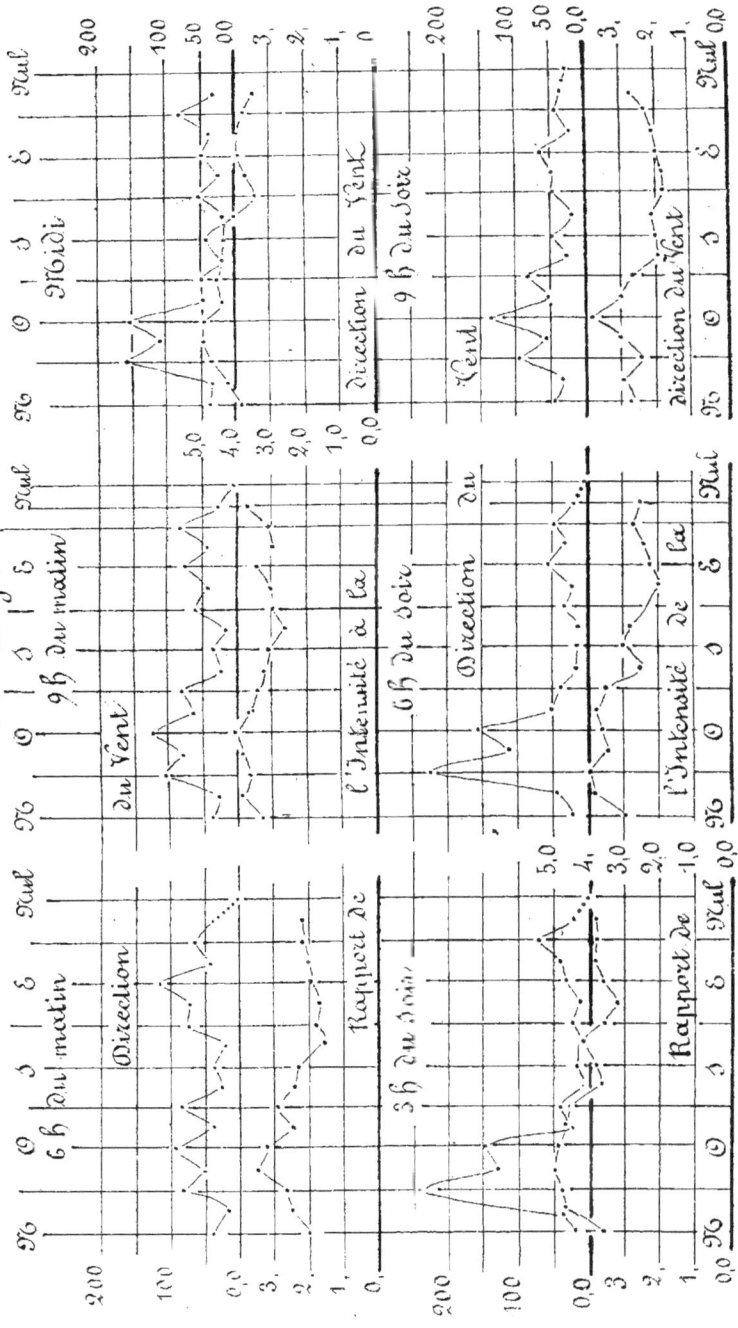

Printemps

Du Vent — Direction — 6h du matin — 9h du matin — Midi

Direction du Vent — 9h du soir

l'Intensité à la — 6h du soir

Direction du — 3h du soir

Rapport de

l'Intensité de la

Vent

Direction du Vent

Rapport de

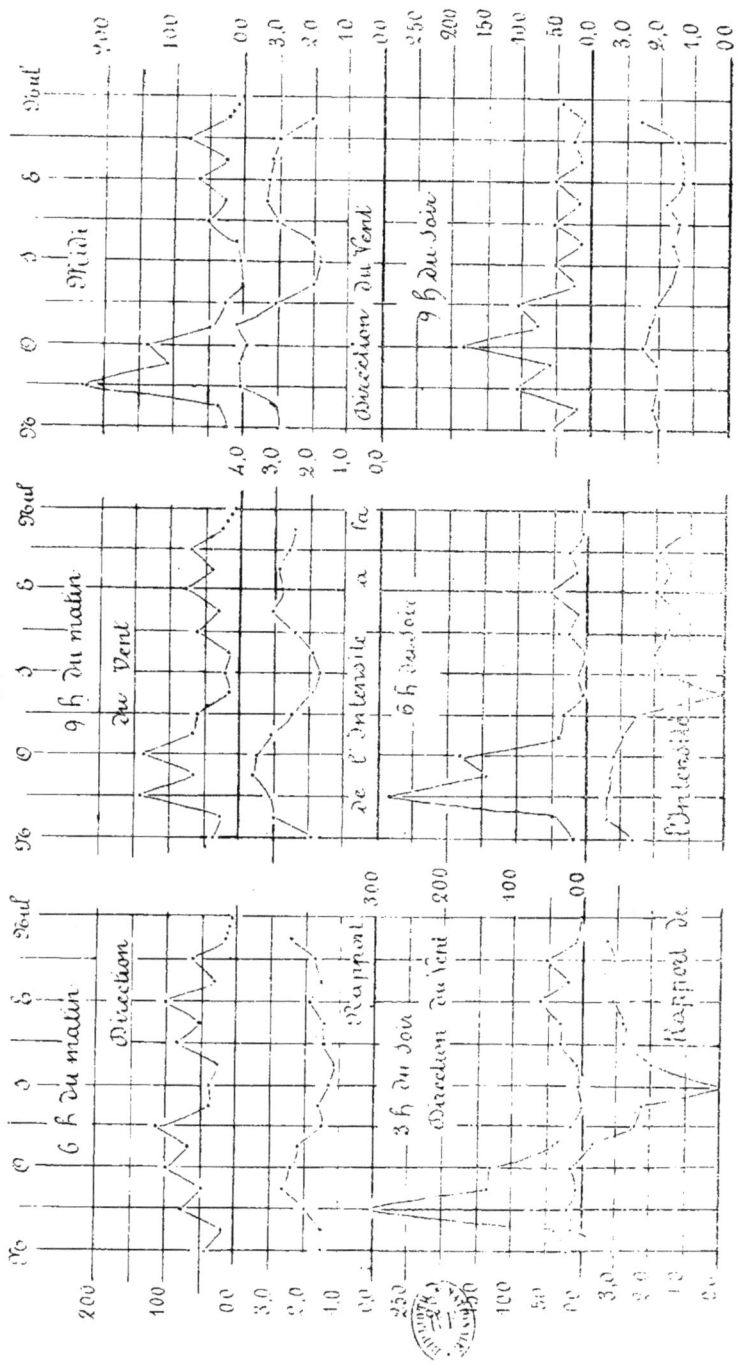

Fig. 8

Été

Direction

6 h du matin

Direction du Vent

3 h du soir

Rapport de l'Intensité à la Direction du Vent

du Vent

9 h du matin

de l'Intensité à la

6 h du soir

Intensité

Rapport de

Direction du Vent

Midi

9 h du soir

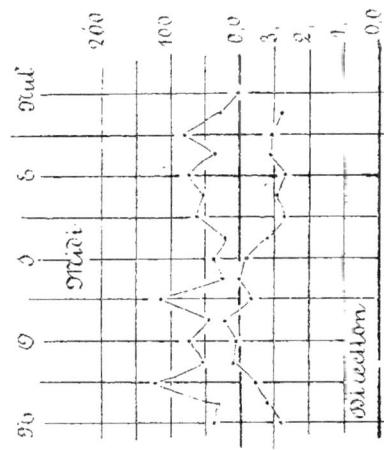
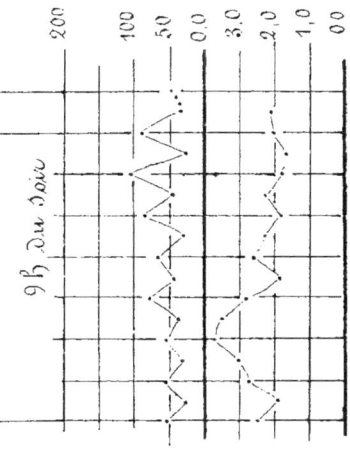
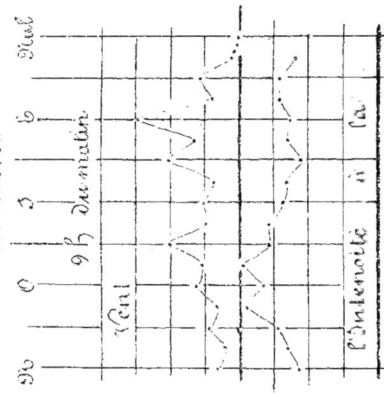
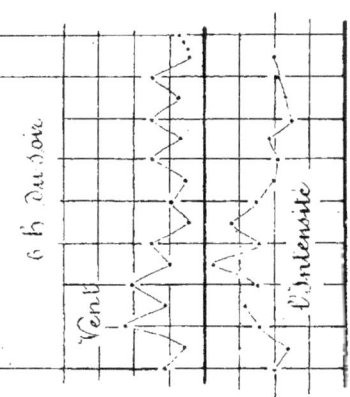
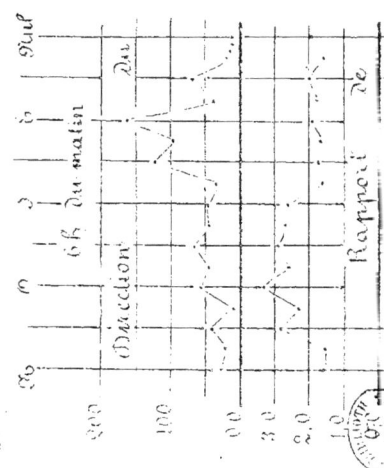
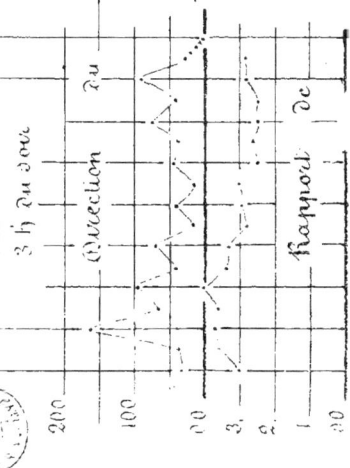

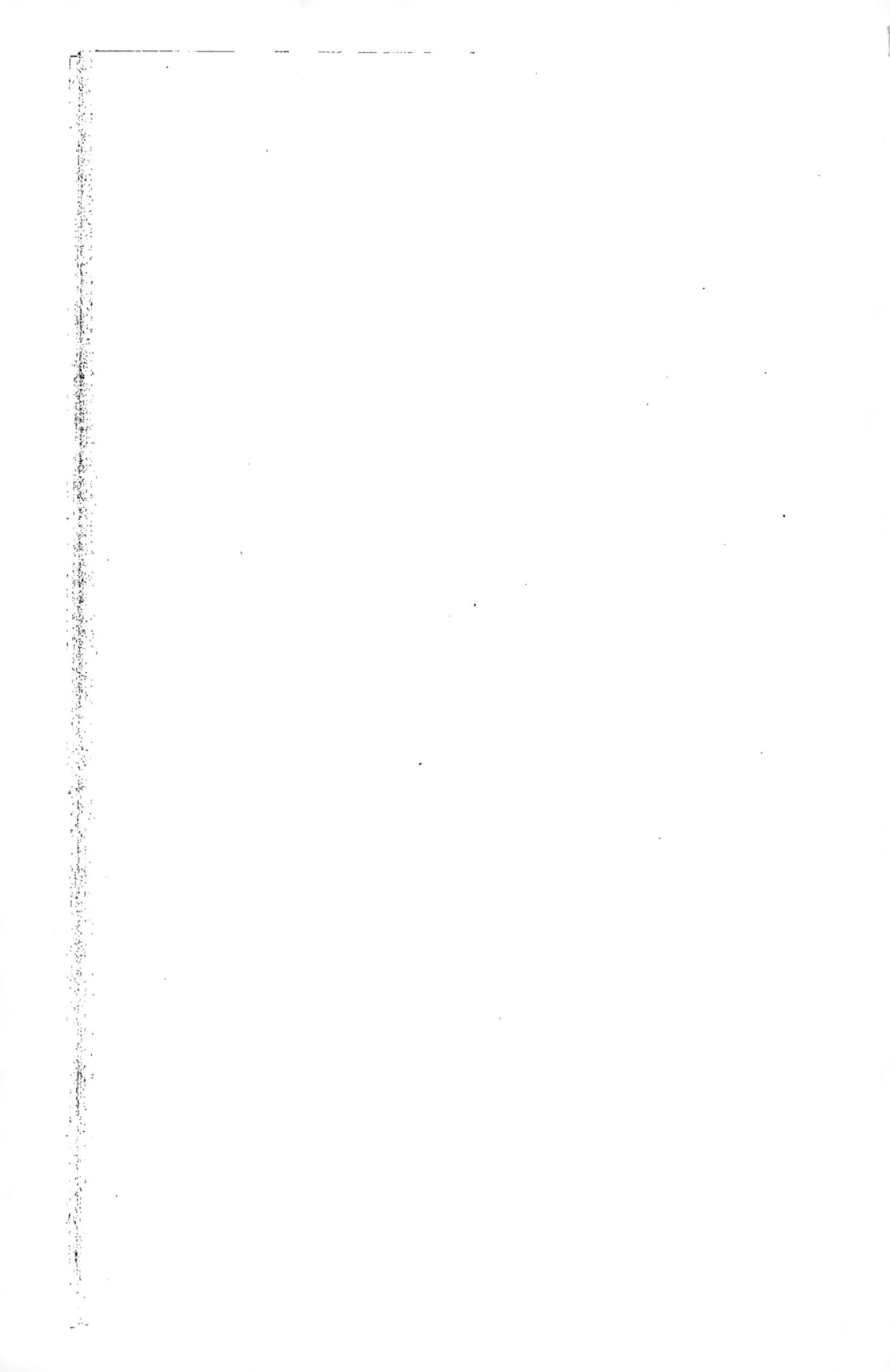

tomne, le contraire se présente au Printemps et l'Été ; enfin cette dernière saison, l'Été, a le maximum en N.-O.-N., le minimum à E.

Heures du jour. — La moyenne générale est à 6 h. du matin 760,06, le maximum absolu à la direction du N. = 762,13 (= + 2,07) ; le minimum à S. = 757,61 (= — 2,45) ; la différence totale est de 4,52. Un second maximum est en E.-S.-E. = 761,10 ; un minimum relatif est de E. à N.-E. = 760,55 comme hauteur moyenne. C'est la région du N. qui a le maximum réel et E. est plus grand que O. 9 h. du matin moyenne générale 760,55, maximum absolu à N. = 762,61 (= + 2,06), minimum absolu S.-O.-S. = 756,76 (= — 3,79) ; la différence des extrêmes est de 5,85, le minimum absolu a marché vers l'O. depuis 6 h. et le maximum de l'E. vers le S. ; les valeurs de presque tous les points autres que le minimum absolu sont plus fortes qu'à 6 h., mais c'est la région de l'E. qui présente le maximum de cet avantage. Midi la moyenne générale est 760,23, le maximum absolu à N.-E.-N. = 762,11 (= + 1,88) ; minimum S.-O.-S. = 755,72 (= — 4,51), différence 6,39 ; la région de l'E. a encore l'avantage sur celle de l'O., mais cet avantage est moindre qu'à 9 h. ; 3 h. du soir la moyenne générale est 759,76, maximum absolu N.-O.-N. = 761,44 (= + 1,68), le minimum est à S. = 754,30 (= — 5,46), différence entre les extrêmes absolus 7,14, le côté O. est un peu plus faible à 3. h. qu'à midi ; le côté de l'E. a diminué aussi depuis midi. 6 h. du soir moyenne générale 760,72 ; le maximum absolu est à N.-E.-N. = 761,51 (= + 1,49), minimum S.-O.-S. = 756,24 (= — 3,78), différence = 5,27. 9 h. du soir moyenne générale 760,49, le maximum absolu est à N. = 762,39 (= + 1,90), le minimum à S.-E. = 756,18 (= — 4,31), la différence des extrêmes est 6,21.

6 h. matin.	9 h. matin.	midi.
N. = + 2,07	N. + 2,06	N.-E.-N. + 1,88
> 4,52	> 5,85	> 6,39
S. — 2,45	S.-O.-S. — 3,79	S.-O.-S. — 4,51

3 h. soir.	6 h. soir.	9 h. soir.
N.-O.-N. + 1,68	N.-E.-N. + 1,49	N. + 1,90
> 7,14	> 5,27	> 6,21
S. — 5,46	S.-O.-S. — 3,78	S.-E. — 4,31

La différence entre les valeurs extrêmes a son maximum à 3 h. du soir, le minimum à 6 h. du matin, le maximum est pour toutes les heures

3

dans la région du N., le minimum dans celle du S. Celui-ci en S. à 6 h. du matin se trouve à S.-O.-S. à 9 h., y reste à midi, mais à 3 h. du soir retourne en S., il revient à S.-O.-S. pour 6 h., mais se porte au S.-E. à 9 h. du soir. La région de l'E. domine faiblement celle de l'O. ; à 6 h. du matin, cette différence qui s'accentue à 9 h., ne se présente plus à midi, c'est l'O. qui domine E. à 3 h. et à 6 h. du soir. Enfin, 6 h. du matin donne le minimum de la différence des extrêmes absolus qui sont presque à la même distance de la moyenne générale ; pourtant c'est la baisse qui offre encore la plus forte différence, aux autres heures la baisse est bien plus considérable que la hausse ; à 3 h. maximum de la différence totale, la baisse par rapport à la moyenne, est trois fois plus grande que la hausse.

Saisons. — A 6 h. du matin en Hiver la moyenne générale est pour les dix années 760,91, le maximum absolu à N.-E.-N. = 764,95 (= + 4,04), le minimum absolu en O.-S.-O. = 756,26 (= - 4,65), la différence entre ces extrêmes est 8,69 ; un autre maximum est en E.-S.-E. = 764,22, il est séparé du premier par un minimum relatif en N.-E. 760,69. N. forme un autre minimum relatif = 761,52, à N.-O. est un maximum relatif = 762,13. S. = 757,49, forme un minimum séparé de celui de O.-S.-O. par le maximum relatif de S.-O. = 758,11. La courbe des hauteurs des seize directions du vent donne une ligne très-accidentée qui présente le maximum réel en N.-E., le minimum réel aussi à S.-O. Au Printemps, la moyenne générale à 6 h. du matin est 759,06, le maximum absolu à N. = 762,49 (= + 3,43), minimum à S. = 755,25 (= — 3,81), différence entre les extrèmes absolus = 7,24 de S.-E. à N.-E. il y a un minimum pour ainsi dire régional dont la hauteur moyenne est d'environ 759^{mm},00 le point E. = 759,35 ; O. est à 759,45, celui-ci a l'avantage si l'on considère seulement ces deux points, mais l'ensemble donne le contraire, d'où au Printemps à 6 h. du matin maximum = N., minimum = S. et E. domine O. Été, la moyenne est 760,83, maximum absolu N.-E.-N. = 761,86 (= + 1,03), minimum S.-O.-S. = 759,57 (= — 1,26) ; la différence est de 2^{mm},29, minimum relatif en E. 760,18, O. = 760,15 ; un maximum relatif est à N.-O. = 761,66, un autre en E.-S -E. = 761,45, un autre encore à O.-S.-O. = 760,68. L'ensemble de la ligne brisée formée par la traduction graphique donne l'avantage à la région de l'E., contre celle de l'O., d'où en Été à 6 h. nous avons : maximum à N., minimum à S. et E. domine O. Automne, moyenne 759,46, maximum à N.-E. = 761,74 (= + 2,28), minimum en S. = 756,57 (= — 2,89), différence 5,17.

6 h. matin.	Hiver......	760,91	N.-E.-N. $+$ 4,04 O.-S.-O. $-$ 4,65	> 8,69
—	Printemps..	759,06	N. $+$ 3,43 S. $-$ 3,81	> 7,24
—	Été........	760,83	N.-E.-N. $+$ 1,03 S.-O.-S. $-$ 1,26	> 2,29
—	Automne...	759,46	N.-E. $+$ 2,28 S. $-$ 2,89	> 5,17

A 6 h. du matin le maximum barométrique est en Hiver, le minimum au Printemps, le maximum est à la direction du vent N.-E. en Hiver et en Automne, au N. le Printemps et l'Été ; le minimum à S.-O. l'Hiver est au Sud pendant les autres saisons, mais au Printemps et l'Été E. domine O. ; la plus forte différence entre les termes extrêmes absolus est en Hiver, la moindre l'Été, la différence est un peu plus forte au-dessous de la moyenne générale qu'au-dessus.

9 h. du matin. — Hiver, moyenne générale 761,73, le maximum absolu est à N. = 764,36 (= + 2,63), le minimum à S.-O.-S. = 756,65 (= — 5,08), différence 7,71 ; de S.-E. à E. est un second maximum dont la hauteur moyenne est 763,44, minimum relatifs en E.-N.-E. et N.-E., leur hauteur moyenne est de 761,75, la région de l'E. depuis le S.-E. forme par conséquent un second maximum d'où pour l'Hiver nous avons : à 9 h. maximum N., minimum S., mais E.-S.-E domine sensiblement O.-N.-O. Printemps, moyenne générale 759,43, maximum absolu à N.-E.-N. = 762,42 (= + 2,99), minimum absolu S.-O.-S. = 755,12 (= — 4,31), différence 7,30. Un second maximum est en O.-N.-O. = 761,15, le maximum réel est à N.-O. Été, la moyenne générale est 761,05, le maximum absolu en N.-E.-N. = 762,84 (= + 1,79, minimum absolu à S.-O. 760,17 (= — 0,88), différence 2,67 ; second maximum à S.-E.-S. = 762,22, deuxième minimum à E. = 760,37 ; ainsi opposition entre le N. et le S., puis l'E. et l'O. Automne, moyenne générale 760,00, maximum absolu à N. = 763,04 (= + 3,04), minimum absolu S.-O.-S. = 756,14 (= — 3,86), l'ensemble donne l'égalité moyenne en E. et O. Il y a un léger avantage pour E.

9 h. matin.	Hiver..... 761,73	N. + 2,63	> 7,71
		S.-O.-S. — 5,08	

—	Printemps. 759,43	N.-E.-N + 2,99	> 7,30
		S.-O.-S. — 4,31	

—	Été...... 761,05	N.-E.-N. + 1,79	> 2,67
		S.-O. — 0,88	

—	Automne.. 760,00	N. + 3,04	> 6,90
		S.-O.-S. — 3,86	

D'où à 9 h. le maximum général est en Hiver et le minimum encore au Printemps ; le maximum à la direction N. en Hiver, est à N.-O. au Printemps, en Été retour de ce maximum à N. où il reste ; minimum à S. en Hiver, passe à S.-O.-S. au Printemps; puis à S.-O. en Été et revient à S.-O.-S. l'Automne. E.-S.-E. est plus plus grand que O.-N.-O. en Hiver ; c'est O. qui domine E. au Printemps ; en Été les quatre points cardinaux se font opposition deux à deux et E. domine légèrement O. en Automne ; le maximum de la différence entre les valeurs des extrêmes est en Hiver, mais au Printemps elle est presque semblable ; le minimum est en Été, comme nous l'avons vu, à 6 h. La différence au-dessous de la moyenne générale est beaucoup plus forte que la hausse en Hiver et au Printemps, elle est moindre au contraire en Été.

Midi. — Hiver, la moyenne générale est 761,35, le maximum absolu est en N.-O. 764,21 (= + 2,86), second maximum à E. = 764,04 ; minimum S.-O.-S. 756,65 (= — 4,70), différence entre les extrêmes absolus 7,56, maximum relatif en S. = 759,31, minimum relatif aussi en N.-O.-N. 761,64. Printemps, moyenne générale 759,17, maximum absolu N.-E.-N. = 761,16 (= + 1,99), minimum absolu S.-O.-S. 752,60 (= — 6,57), différence 8,56 ; maximum relatifs, l'un en N.-O. 760,90, l'autre à E. 760,29. Été, moyenne générale 760,81, maximum absolu à N. 762,20 (= + 1,39), minimum absolu à S.-O.-S. 757,85 (= — 2,96), différence 4,35 ; autres maximum, l'un en N.-O. 761,37, l'autre à N.-E. = 761,08, O. domine E. Automne, moyenne générale 759,58, maximum absolu N.-E.-N. 763,62 (= + 4,04), minimum absolu S. 755,11 (= — 4,47), différence 8,51. Maximum relatif en S.-E. 760,48, un autre en O.

759,77 ; dans l'ensemble E. domine un peu O. malgré le minimum qui
existe à E.-S.-E. 759,25.

Midi.	Hiver..... 761,35	N.-O.	+ 2,86	> 7,56
		S.-O.-S.	— 4,70	
—	Printemps. 759,17	N.-E.-N.	+ 1,99	> 8,56
		S.-O.-S.	— 6,57	
—	Été...... 760,81	N.	+ 1,39	> 4,35
		S.-O.-S.	— 2,96	
—	Automne.. 759,58	N.-E.-N.	+ 4,04	> 8,51
		S.	— 4,47	

A midi, le maximum est comme précédemment en Hiver, le minimum
au Printemps, le maximum pour le vent est en Hiver à N.-O., et au N.
dans les autres saisons ; le minimum en S.-O.-S. pendant l'Hiver, le
Printemps, l'Été ; à S. en Automne. E. domine O. l'Hiver, au Printemps
et en Automne, l'Été c'est l'inverse. La différence maximum des extrêmes absolus est au Printemps qui n'offre que cinq centièmes de millimètres de plus que l'Automne, l'Été a toujours le minimum, la différence
est plus forte au-dessous de la moyenne générale qu'au-dessus, le Printemps donne dans ce sens un maximum très-marqué.

3 h. du Soir. — Hiver, la moyenne générale est 760,87, le maximum
est à la direction du N. 763,49 (= + 2,62), le minimum à celle du
S.-O.-S. 757,31 (= — 3,56), différence 6,18 ; maximum E.-N.-E. 761,02,
minimum relatif à N.-E. 762,66. E. a l'avantage sur O. Printemps,
moyenne générale 758,65, maximum à N.-O.-N. 761,34 (= + 2,69), minimum à S.-O.-S. 750,85 (= — 7,80), différence 10,49, un second maximum est à N.-E. 758,69, il y a en N. un minimum relatif 756,47. Été,
moyenne générale 760,39, maximum absolu N.-E.-N. 763,09 (= + 2,70),
minimum absolu à S. 755,36 (= — 5,03), différence 7,73 ; autres maximum N.-O.-N. 762,33, S.-O.-S. 760,35, E.-S.-E. 759,30 ; et minimum relatifs à S.-O. 758,60, E. 758,82, et à N. 759,74 ; le maximum réel est en
N.-O. et le minimum à S.-E. Automne, moyenne générale 759,13 ; maximum à N. 761,88 (= + 2,75), le minimum est à S.-E.-S. 751,80 (= —
7,33), différence entre les extrêmes absolus 10,08.

3 h. Soir.	Hiver..... 760,87	N. + 2,62	
		S.-O.-S. — 3,56	> 6,18
—	Printemps. 758,65	N.-O.-N. + 2,69	
		S.-O.-S. — 7,80	> 10,49
—	Été....... 760,39	N.-E.-N. + 2,70	
		S. — 5,03	> 7,73
—	Automne.. 759,13	N. +· 2,75	
		S.-E.-S. — 7,33	> 10,08

A 3 h. du soir, le maximum général est encore en Hiver et le minimum au Printemps ; pour les directions du vent le N. a le maximum en Hiver, en Été et pendant l'Automne, au Printemps il est à N.-O.-N. et nous voyons que le minimum est aussi dans cette saison un peu vers l'O. ; le minimum presque au S. en Hiver s'y trouve tout à fait l'Été, il se porte vers l'E. à l'Automne ; E. domine O. en Hiver, mais c'est le contraire dans les autres saisons. Le minimum de la valeur de l'E. est au Printemps. Le maximum de la différence des extrêmes absolus est au Printemps, mais celle de l'Automne, ainsi qu'à midi, suit de près ; le minimum de cette différence est en Hiver. Enfin, dans toutes les saisons, la différence des extrêmes obsolus est plus forte au-dessous de la moyenne générale qu'au-dessus.

6 h. du Soir. — L'Hiver la moyenne générale est 761,21, le maximum est à la direction du vent N.-O.-N. 764,78 (= + 3,57), le minimum à S.-E.-S. 757,47 (= — 3,74), la différence entre ces extrêmes est 7,31. Autre minimum à E.-N.-E. 759,73 et à N. 761,45, puis un maximum à E.-S.-E. 761,89. La région du S.-E. domine celle du S.-O. Printemps, moyenne générale 758,85 ; le maximum absolu est à O.-N.-O. 761,29 (= + 2,44), le minimum absolu à S.-O.-S. 751,07 (= — 7,78), la différence totale est de 10,22. Été, moyenne de la saison est 760,41 : le maximum est à N.-O.-N. 761,93 (= + 1,52 : le minimum à S.-O.-S. 757,25 (= — 3,16), différence 4,68, maximum relatif en E.-S -E. 759,14. Automne, la moyenne générale est 760,02, le maximum absolu est à N.-E.-N. 763,04 (= + 3,02), le minimum à E.-S.-E. 754,59 (= — 5,43). La différence entre les extrêmes absolus, 8,45. Un maximum est en S.-E.-S 757,86, et un minimum relatif S.-O.-S. 756,17.

6 h. Soir.	Hiver.....	761,21	N.-O.-N. + 3,57 S.-E.-S. — 3,74	> 7,31
—	Printemps.	758,85	O.-N.-O. + 2,44 S.-O.-S. — 7,78	> 10,22
—	Été......	760,41	N.-O.-N. + 1.52 S.-O.-S. — 3,16	> 4,68
—	Automne..	760,02	N.-E.-N. + 3,02 E.-S.-E. — 5,43	> 8,45

A 6 h. du soir le maximum de la saison est encore en Hiver, le minimum au Printemps ; le maximum est à la direction du vent du N.-O.-N. ; pendant l'Hiver, il passe à O.-N.-O. au Printemps, revient à N.-O.-N. l'Été, puis va au N.-E.-N. pendant l'Automne ; le minimum de S.-E.-S. l'Hiver marche à S.-O.-S. au Printemps et l'Été ; il est à E.-S.-E. l'Automne; en Hiver E. domine O., c'est le contraire dans les autres saisons. Le maximum de la différence des extrêmes absolus est au Printemps, le minimum en Été. En Hiver, l'écart du maximum absolu au-dessus de la moyenne générale est presque égal a celui donné par le minimum absolu ; dans les autres saisons, ce minimum présente une différence plus grande.

9 h. du Soir. — Hiver, la moyenne générale est 761,44 ; le maximum absolu est à la direction N.-O.-N : 763,95 (= + 2,51) ; le minimum à S. : 757,98 (= — 3,46) ; la différence est de 5,97. Il y a un second maximum à E. : 763,29 ; un autre à O. : 761,79 ; un minimum relatif à O.-N.-O. : 760,22 ; puis un autre encore à N.-E. : 762,00 ; d'où il résulte que le maximum est dans la région du N., le minimum en S., et que l'E. domine sensiblement l'O. Printemps, moyenne générale 759,47 ; le maximum absolu est à la direction du N. : 762,35 (= + 2,88) ; le minimum absolu à S.-E : 756,74 (= - 2,73), la différence de ces extrêmes est de 5,61 ; la région de l'Est est tout à fait dominée par celle de l'O. Été, la moyenne de la saison est 761,16 ; le maximum absolu est à N.-O. : 764,74 (= + 3,58) ; le minimum à E.-N.-E. : 759,32 (= — 1,84) ; différence des extrêmes : 5,42 ; un second maximum est en S.-E. : 761,54 ; ainsi, l'Été, N. est plus grand que S., et O. domine E. Automne moyenne de la saison : 759,89 ; le maximum absolu est à N.-E. : 762,64 (= + 2,75) ; le

minimum en S.-E.-S : 756,93 (= — 2,96) ; différence 5,71, second maximum à S.-O. : 760,66.

9 h. Soir.	Hiver.....	761,44	N.-O.-N.	+ 2,51	> 5,97
			S.	— 3,46	
—	Printemps.	759,47	N.	+ 2,88	> 5,61
			S.-E.	— 2,73	
—	Été.......	761,16	N.-O.	+ 3.58	> 5,42
			E.-N.-E.	— 1,84	
—	Automne..	759,89	N.-E.	+ 2,75	> 5,71
			S.-E.-S.	— 2,96	

Ainsi, à 9 h. du soir, comme pour les autres heures, l'Hiver a le maximum général de la saison, le Printemps présente le minimum ; le maximum absolu à la direction du vent N.-O.-N. en Hiver, passe à N. au Printemps, puis à N.-O. pendant l'Été et saute au N.-E. en Automne ; le minimum absolu du Sud, l'Hiver, marche à S.-E.-S. au Printemps, saute en Été à E.-N.-E., puis revient à S.-E.-S. pendant l'Automne. C'est l'E. qui domine O. l'Hiver, le contraire est au Printemps et très-accentué. Cette prédominance de l'O. à 9 h. du soir va en augmentant jusqu'à l'Automne où se produit le maximum de cette influence.

Résumé général du Baromètre. — La moyenne de l'année est 760,18 ; le maximum est à la direction du vent venant du N., le minimum à celle du S.-O.-S., la traduction graphique montre deux paliers qui forment des maximum secondaires, l'un, le plus élevé, règne de N.-O.-N. à O.-N.-O., l'autre de S.-E.-S. à E.-S.-E. ; il y a opposition entre le N. et le S., l'O. et l'E., mais N.-O. domine S.-E.

L'ensemble des observations donne le maximum barométrique en Hiver et à 9 h. du matin, le minimum au Printemps et à 3 h. du soir, l'Été forme un second maximum et l'Automne un deuxième minimum. La plus forte des différences offertes par les valeurs extrêmes déduites des moyennes de chaque direction du vent est au Printemps et à 3 h. du soir ainsi que le plus grand écart au-dessous de la moyenne générale correspondante : c'est dans ce dernier sens que les plus grandes variations

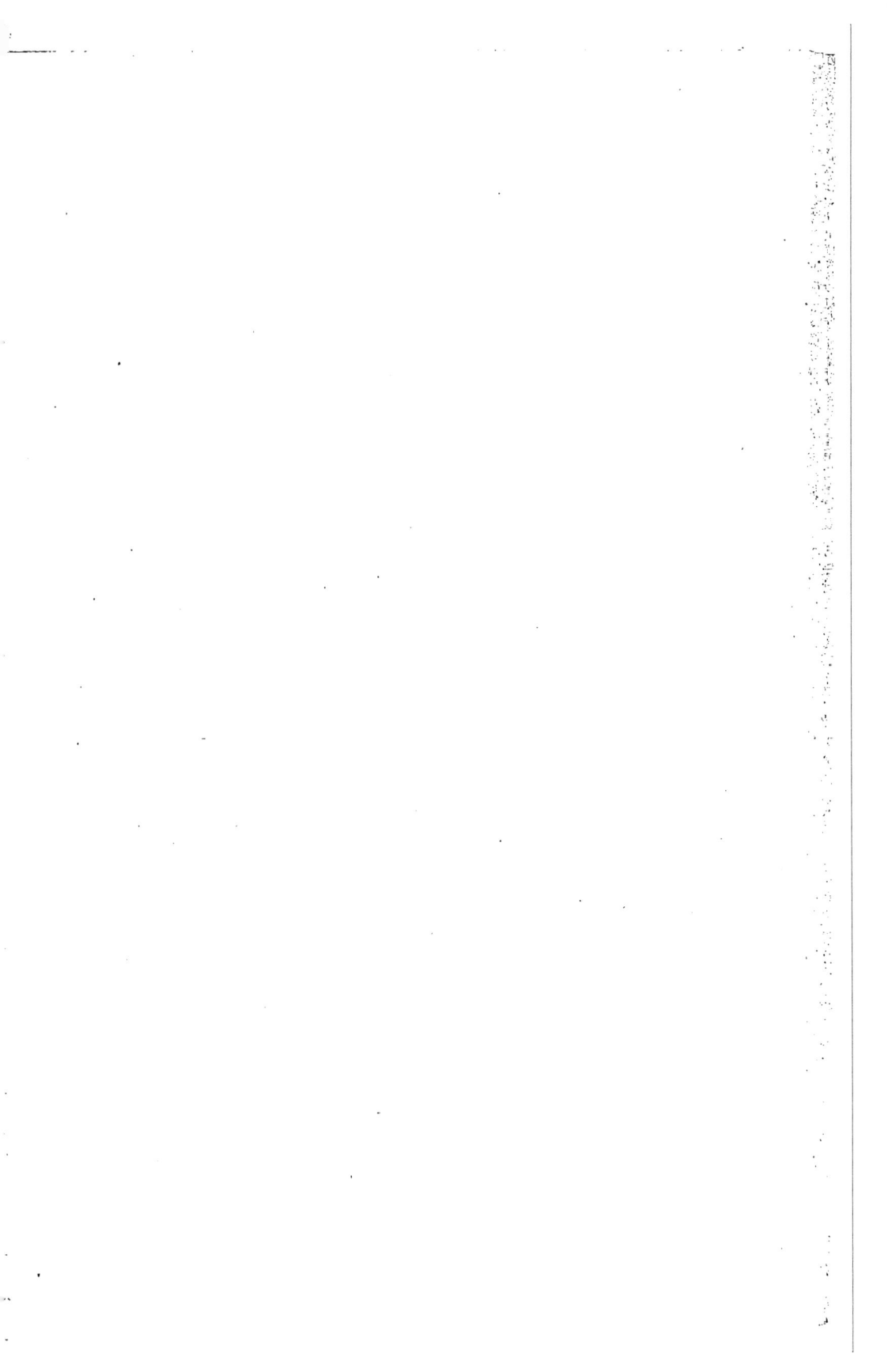

Baromètre

Moyenne des Dix Ans

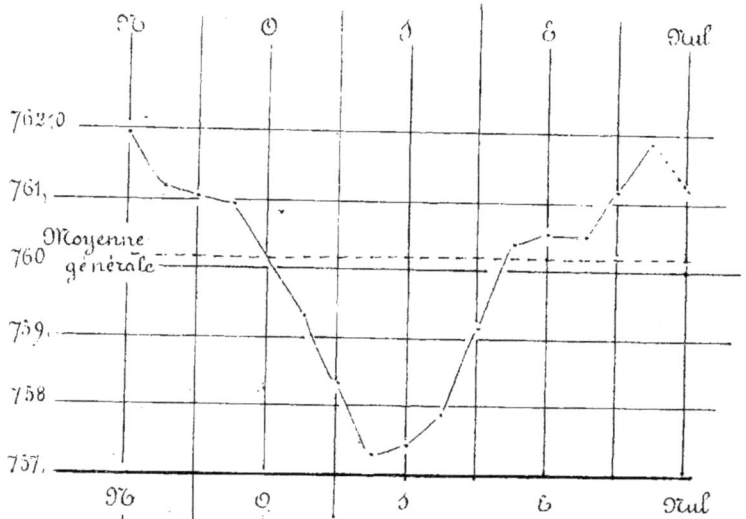

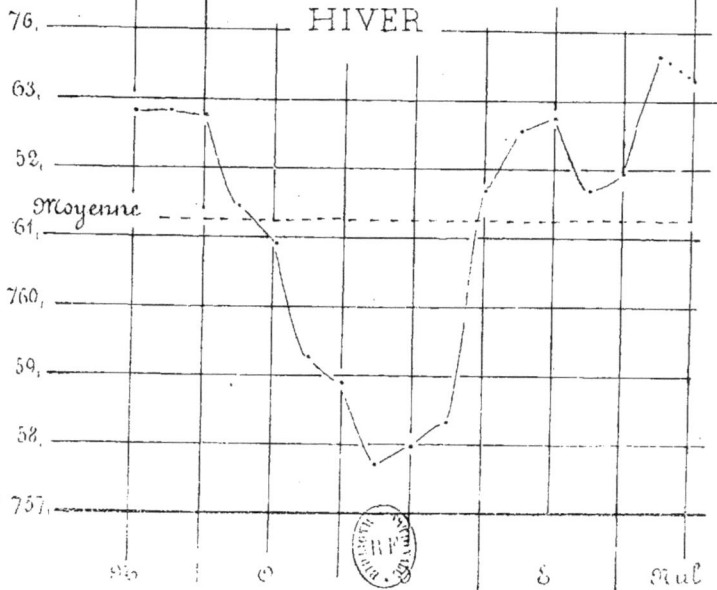

76210

761,

Moyenne
760 générale

759,

758

757,

96   O   S   E   Jul

76,   HIVER

63,

52,

Moyenne
61,

760,

59,

58,

757,

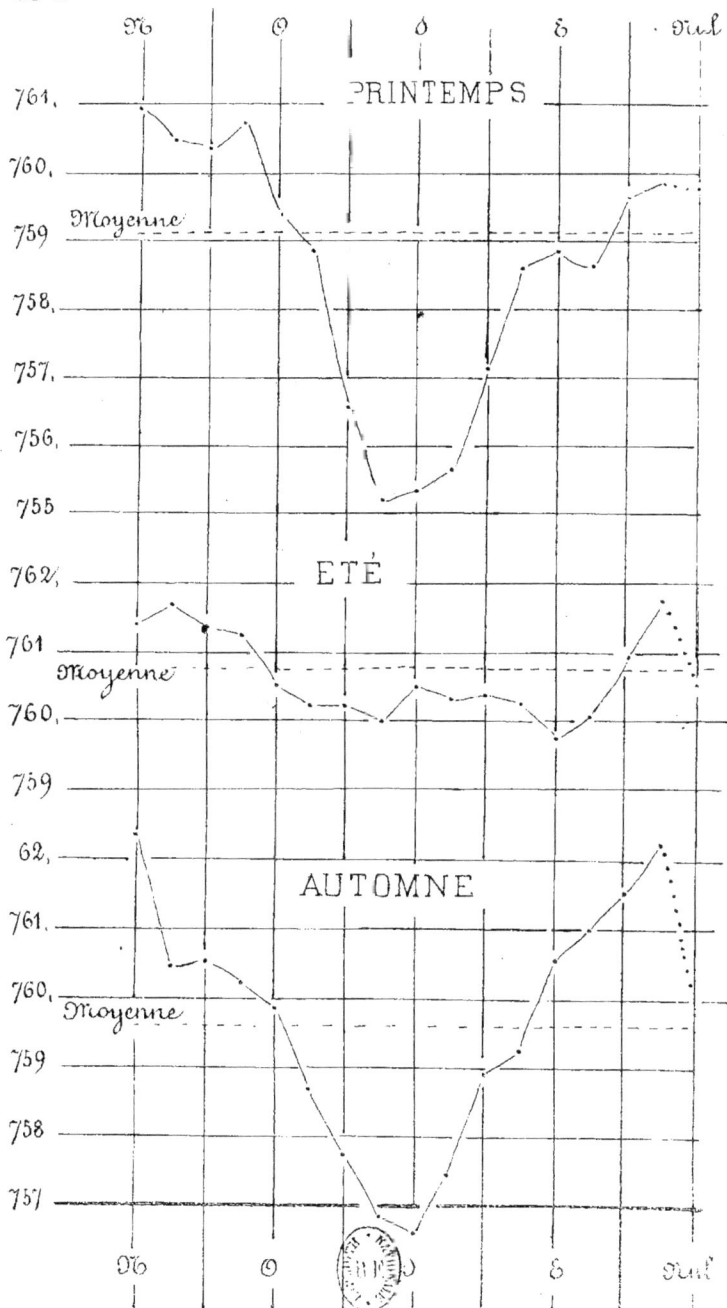

No 11

761,
760,
759 Moyenne
758,
757,
756,
755

PRINTEMPS

762,
761
Moyenne
760,
759

ETÉ

62,
761,
760,
Moyenne
759
758
757

AUTOMNE

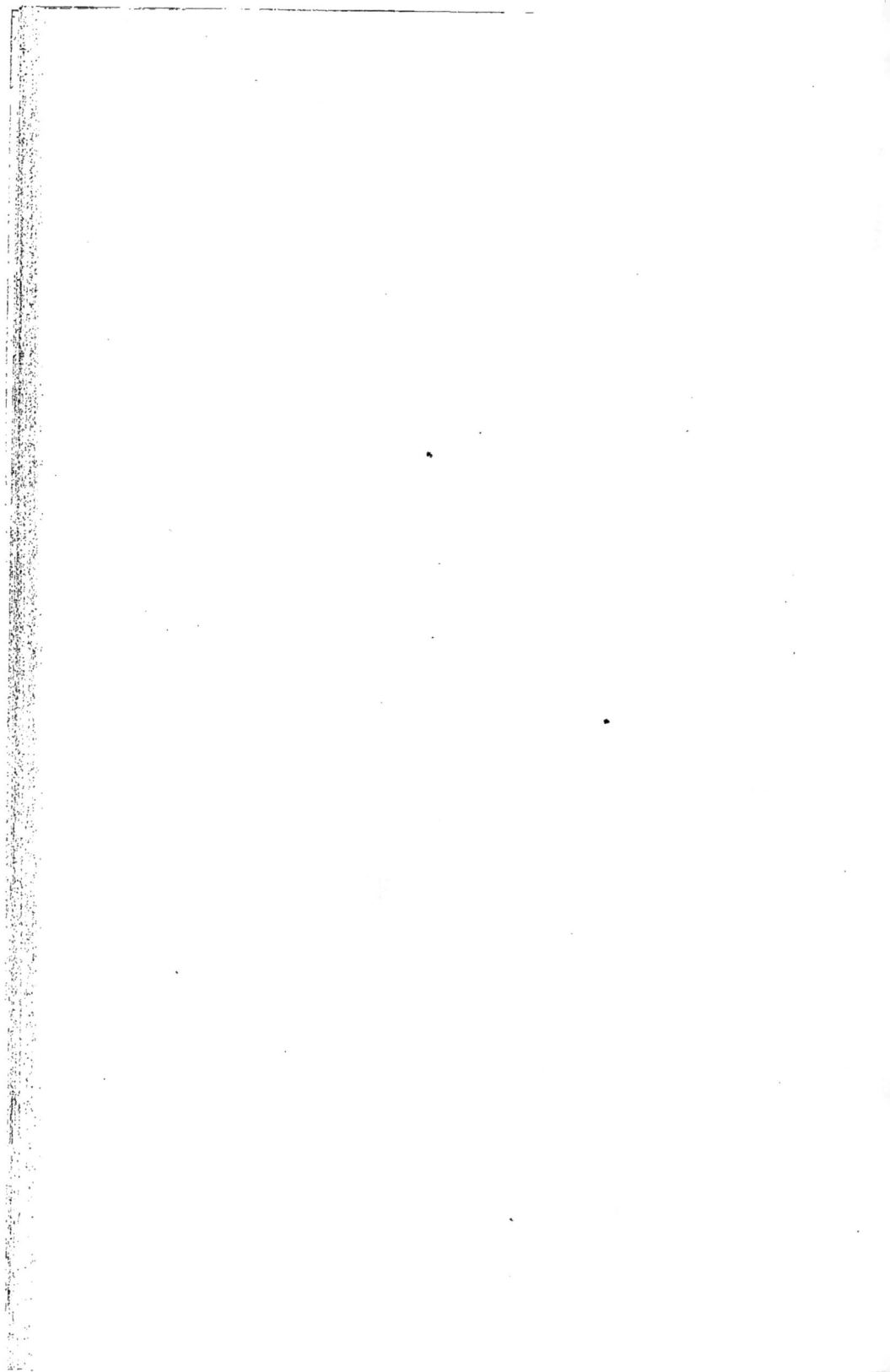

N° 12

HEURES DU JOUR

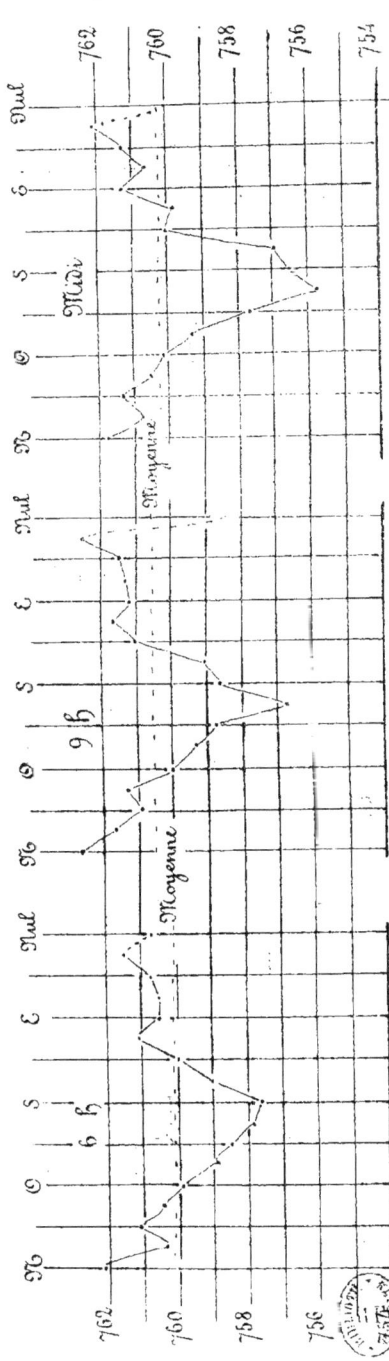

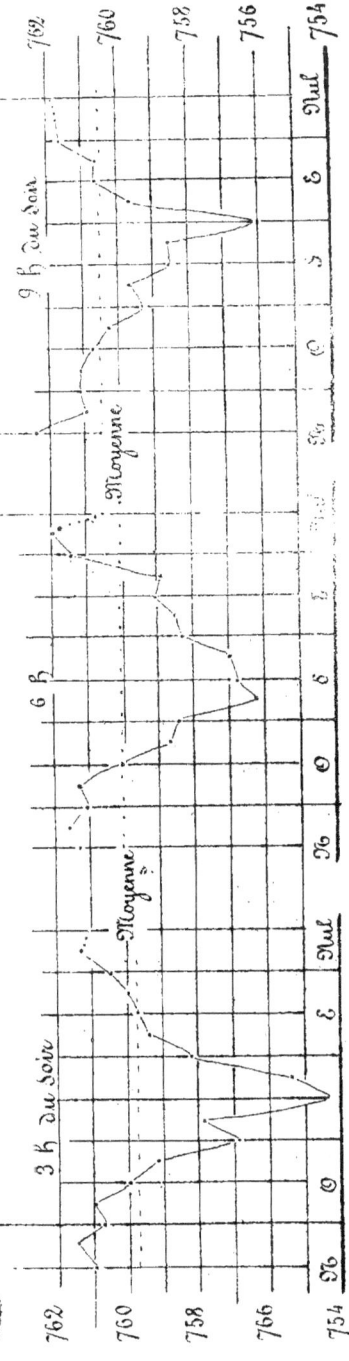

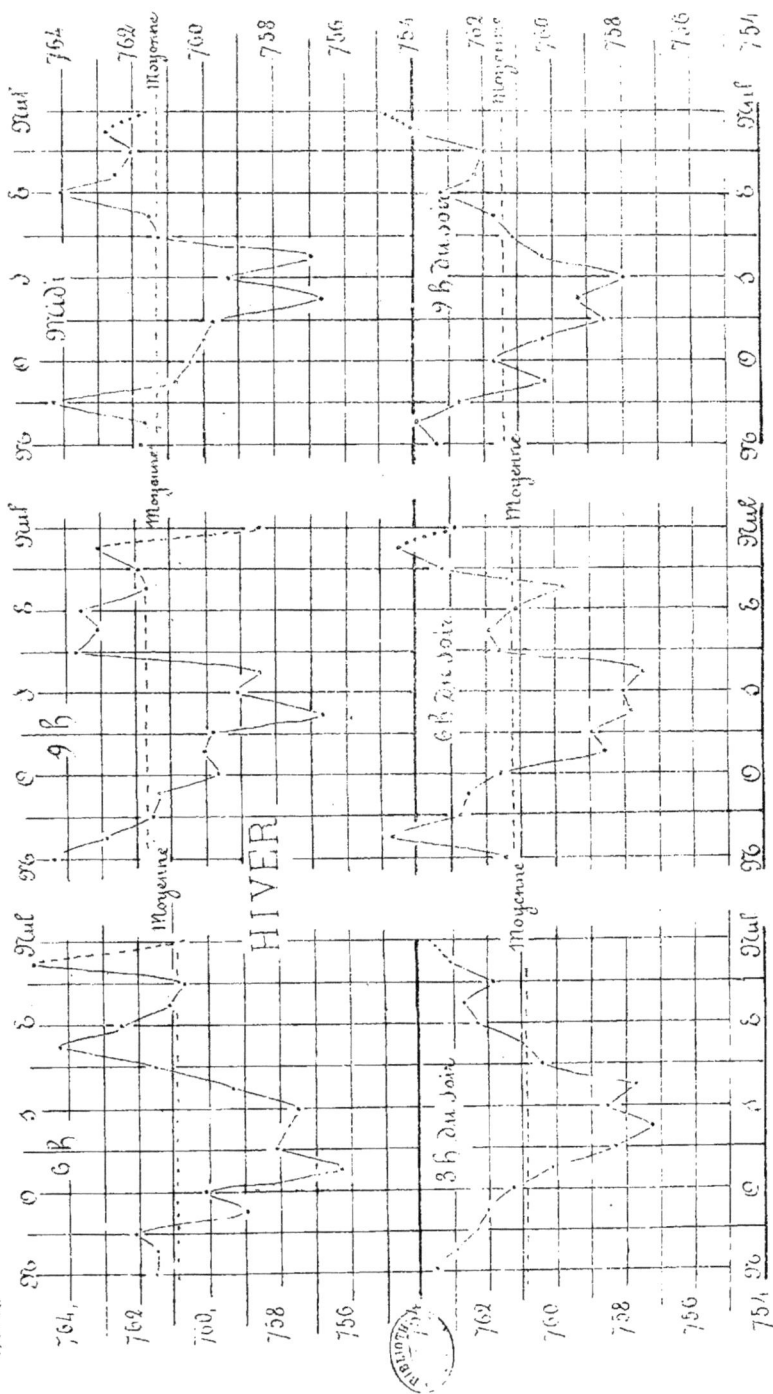

HIVER

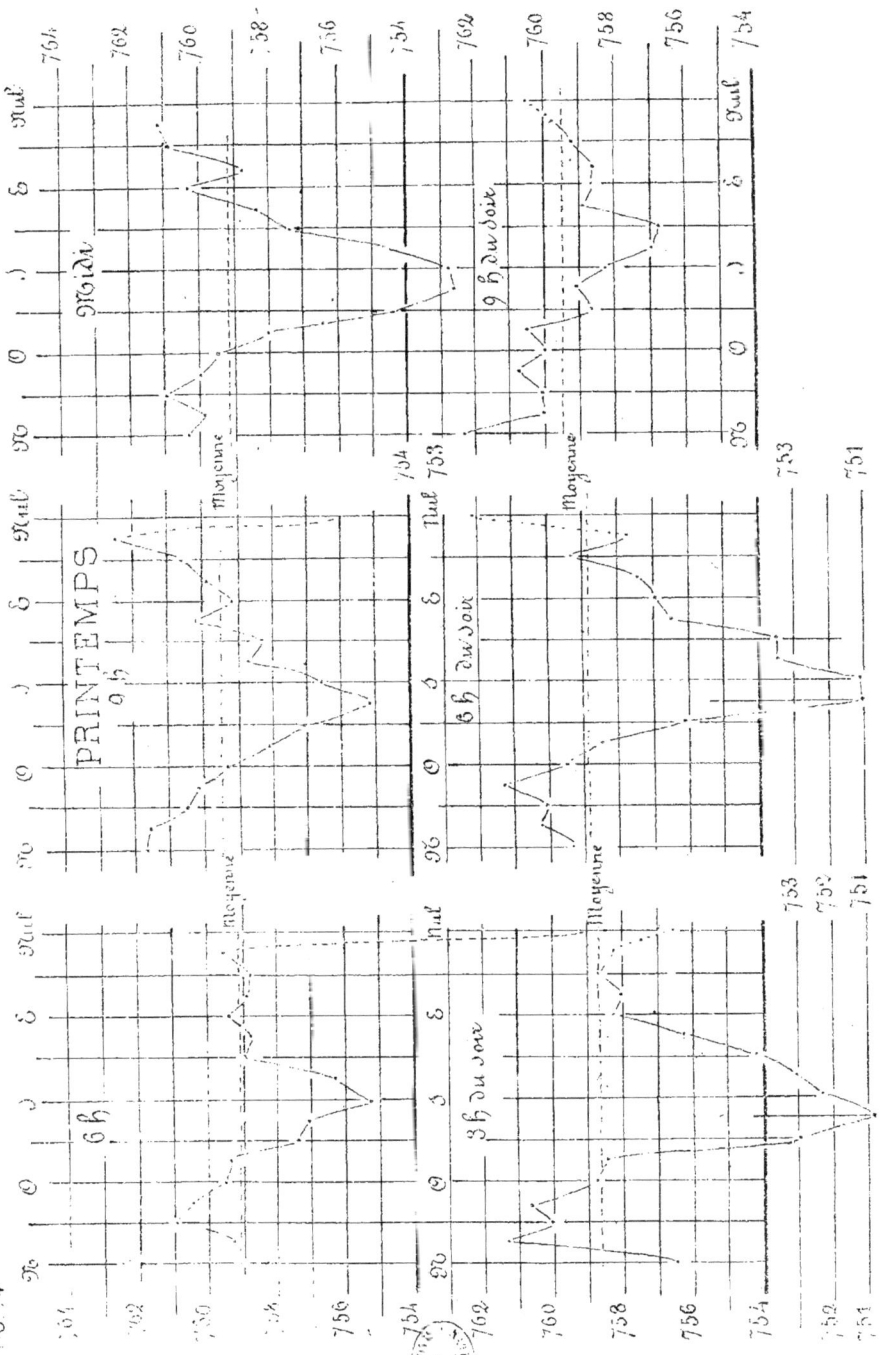

PRINTEMPS

Midi

6 h

Moyenne

6 h du soir

3 h du soir

9 h du soir

Moyenne

Moyenne

Moyenne

764 762 760 758 756 754 753 752 751 760 758 756 754

Nul   Sud   O   )   Nul

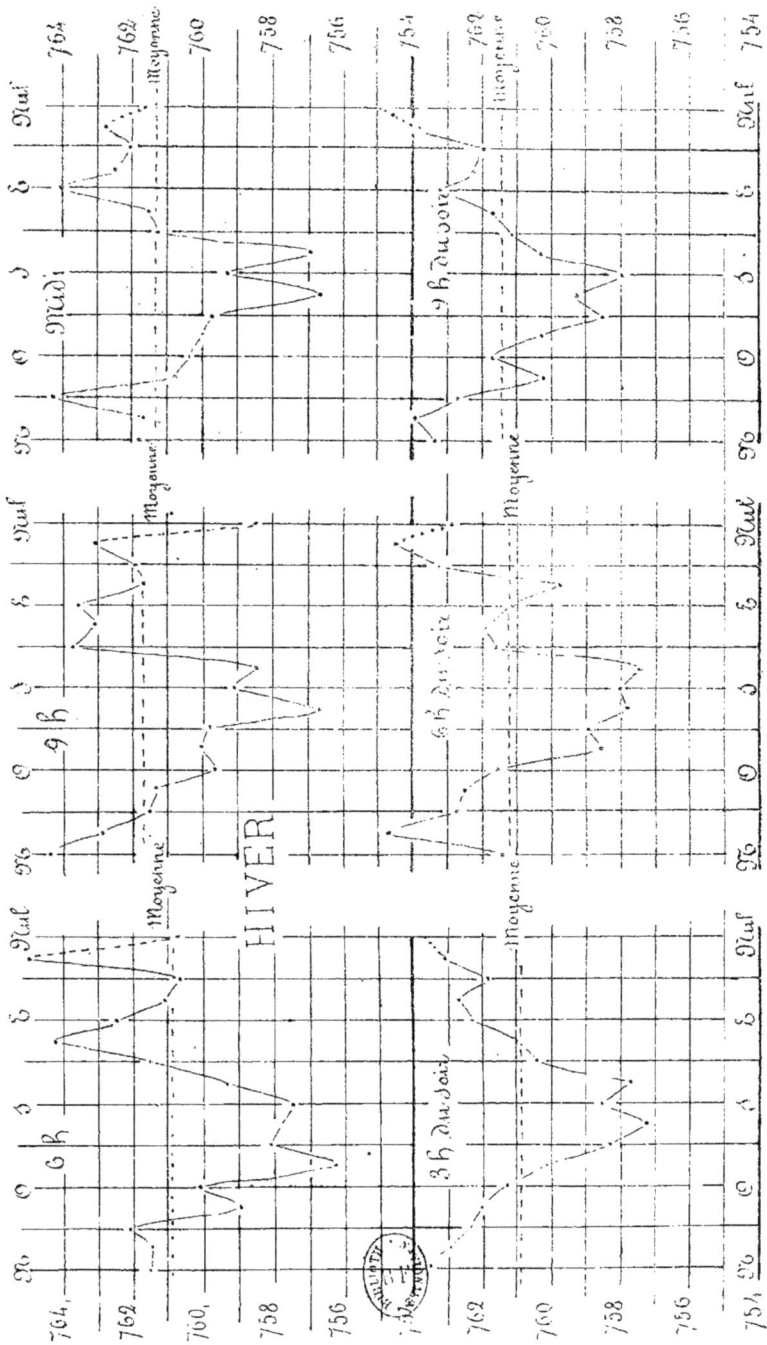

HIVER

6 h.

9 h.

Midi

3 h. du soir

6 h. du soir

9 h. du soir

Moyenne

Nuit

764 762 760 758 756 754 762 760 758 756 754

PRINTEMPS

6 h

Midi

3 h du soir

6 h du soir

9 h du soir

Moyenne

Juil

761 762 760 758 756 754 762 760 758 756 754

753 751

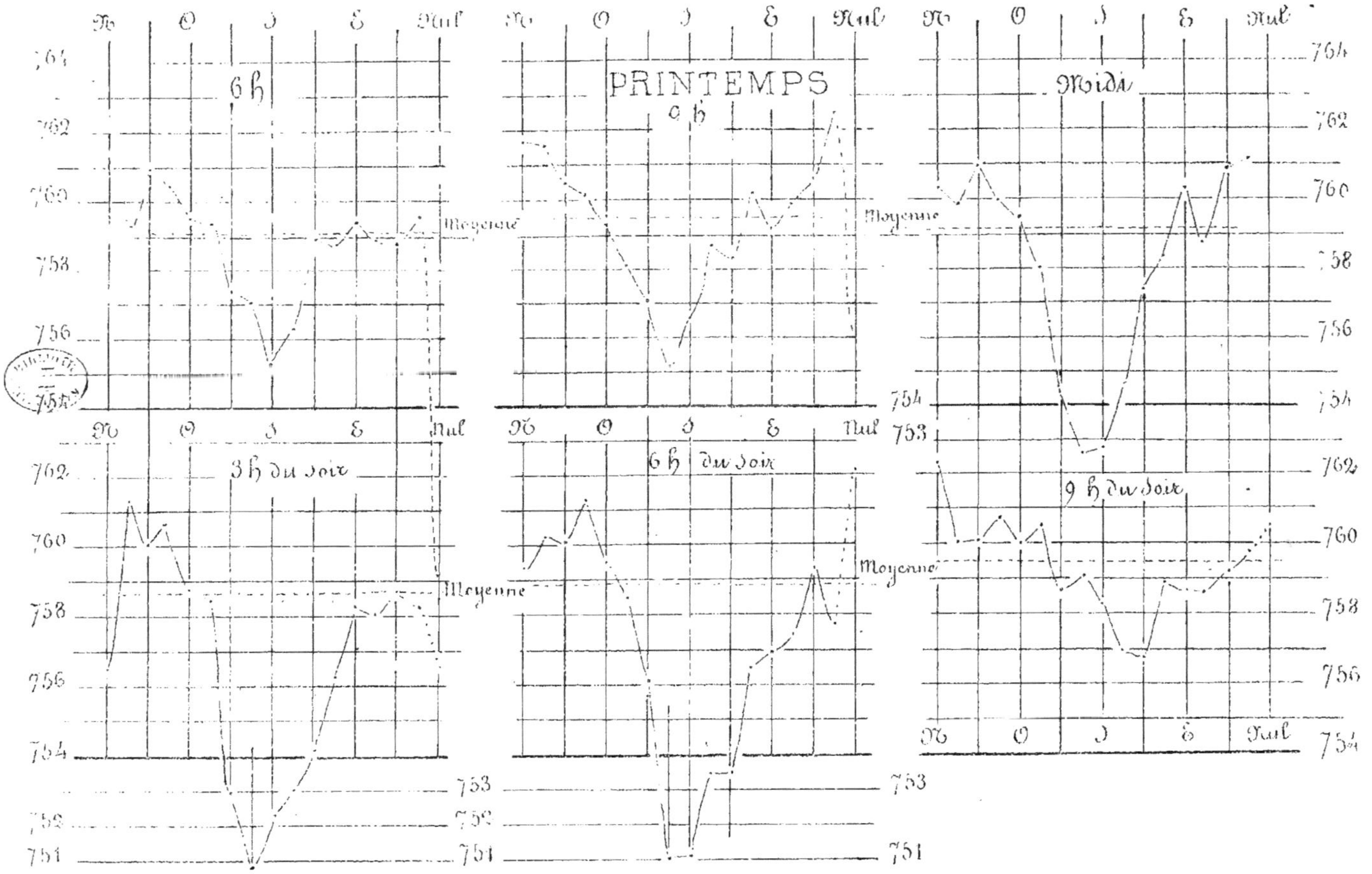

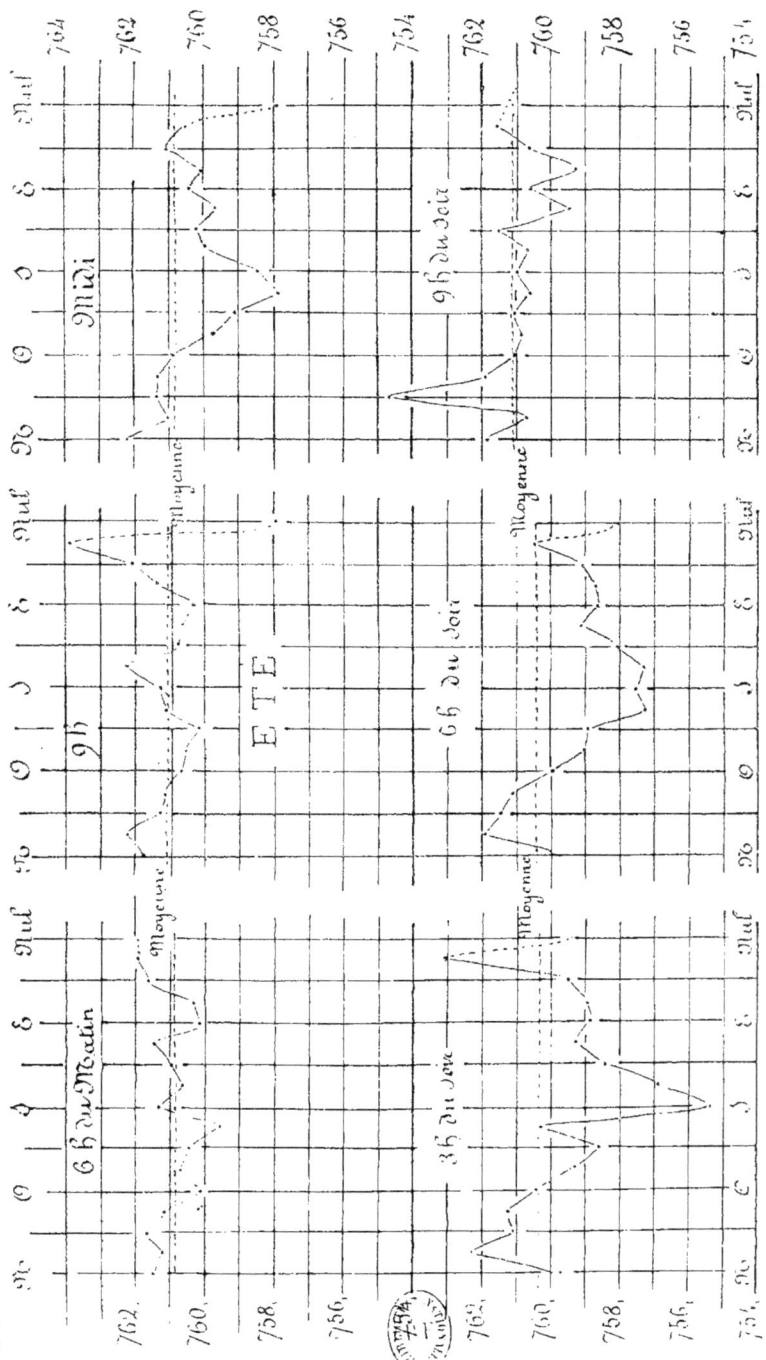

ETE

Fig. 16

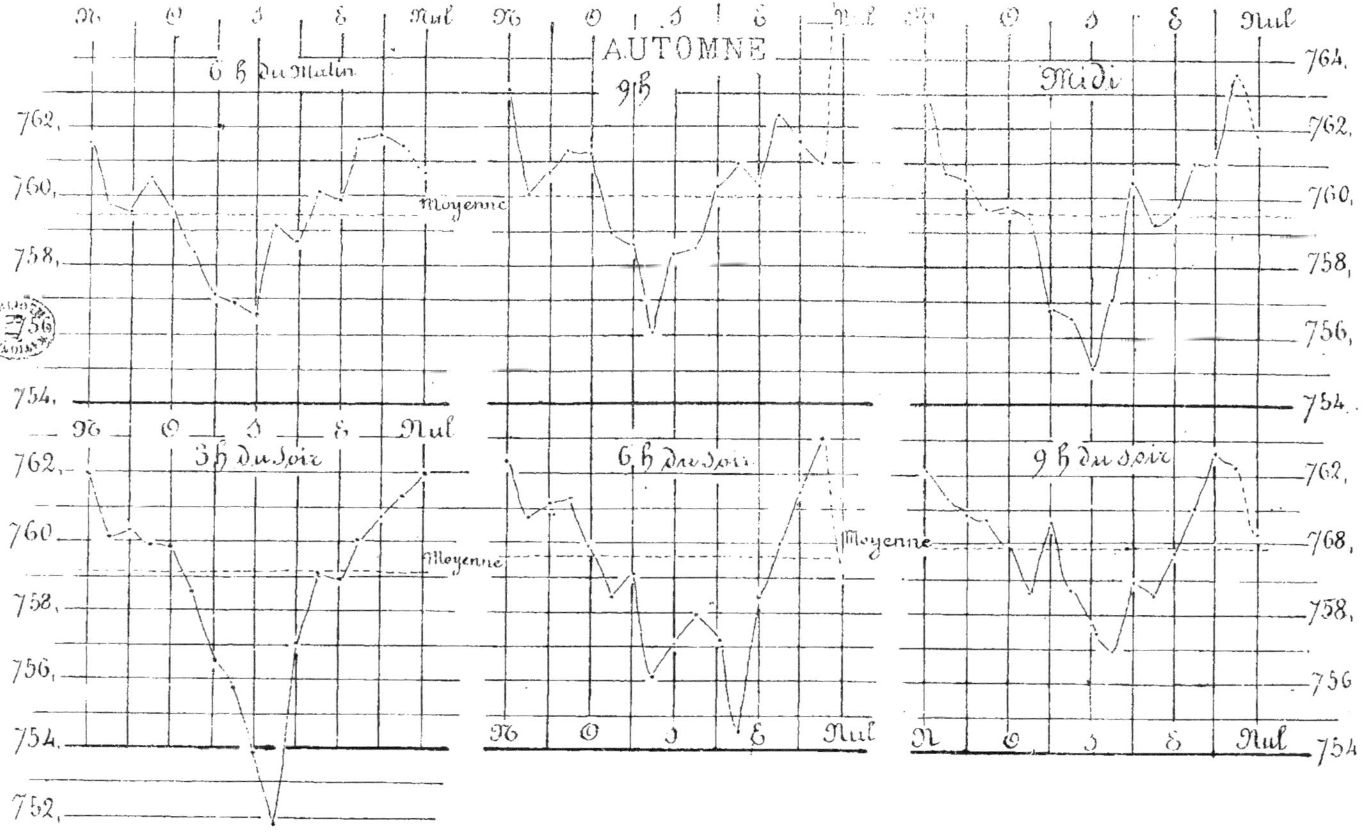

AUTOMNE

6 h du Matin

Moyenne

762,
760,
758,
754,
762,
760,
758,
756,
754,
752,

3 h du Soir

Moyenne

6 h du soir

Moyenne

Midi

9 h du soir

Moyenne

764,
762,
760,
758,
756,
754,
762,
768,
758,
756,
754

se produisent, soit de saison à saison, soit entre les heures du jour. C'est l'Été, 6 h. du matin, qui présente la moindre différence entre les extrêmes, le minimum de l'écart au-dessous de la moyenne est l'Été aussi et à 9 h. du matin ; cet écart est moitié moindre que celui qui se produit alors au-dessus de cette moyenne générale. Le maximum est toujours dans la région du N., le minimum dans celle du S. ; il y a oscillation du maximum de l'E. à l'O. de l'Hiver au Printemps ; de l'O. à l'E. de l'Été à l'Automne. La comparaison des points occupés par les extrêmes absolus dans les diverses saisons à chaque heure d'observation montre l'importance de ces oscillations.

6 h. du Matin.

	maximum	minimum	
Hiver.....	N-E.	S-O.	»
Printemps.	N.	S.	E. > O.
Été.......	N.	S.	E. > O.
Automne..	N-E.	S.	»

9 h. du Matin.

	maximum	minimum	
Hiver	N.	S.	E-S-E. > O-N-O.
	N-O.	S-O-S.	O. > E.
Été	N.	S-O.	N-S. *opposition* E-O.
	N.	S-O-S.	E. = O.

Midi.

	maximum	minimum	
Hiver.. ..	N-O.	S-O-S.	E. > O.
Printemps.	N.	S-O-S.	E. > O.
Été.......	N.	S-O-S.	O. > E.
Automne..	N.	S.	E. > O.

3 h. du Soir.

	maximum	minimum	
Hiver	N.	S.	
	N-O-N.	S-O-S.	
Été	N.	S.	O. > E.
	N.	S-E-S.	O. > E.

6 h. du Soir.

	maximum	minimum	
Hiver.....	N-O-N.	S-E-S.	E. > O.
Printemps.	O-N-O.	S-O-S.	O. > E.
Été.......	N-O-N.	S-O-S.	O. > E.
Automne..	N-E-N.	E-S-E.	O. > E.

9 h. du Soir.

	maximum	minimum	
Hiver	N-O-N.	S.	E. > O.
	N.	S-E-S.	O. > E.
Été	N-O.	E-N-E.	O. > E.
	N-E.	S-E-S.	O. > E.

Température

La moyenne générale pour les dix années est : 13°,90 ; pour l'ensemble de l'année le maximum est à la direction du vent N.-O. : 16°,40 (= + 2°,50), le minimum est à N.-E.-N. : 10,99 (= — 2,91), la différence est un peu plus forte au-dessous de la moyenne générale qu'au-dessus, son total est : 5,41. Un second maximum est à E.-N.-E. : 14,54, un autre à S. : 13,91 ; un minimum relatif à E.-S.-E. : 12,25, un autre à S.-O.-S. : 13,13. Ainsi la région du N.-O. domine celle du S.-E. quoique N. soit moindre que S.

Saisons. — La moyenne générale de l'Hiver est de 7°,37 ; le maximum absolu à la direction du S.-O.-S. : 10,60 (= + 3,23), le minimum de N. : 4,30 (= — 3,07), différence totale : 6°,30 ; dans la région de l'O. il y a un maximum relatif : O. = 10,13 et à E. qui égale 5,19 se trouve un deuxième minimum. Au Printemps la moyenne générale de la saison est de 13°,22 ; le maximum absolu est à E.-N.-E. : 15,35 (= + 2,13), le minimum à N. : 10,59 (= — 2,63), la différence est de 4,76 entre les extrêmes absolus ; des maxima relatifs sont l'un à S.-E.-S. : 14,53, l'autre à O.-N.-O. : 13,59, ils accentuent un minimum à O.-S.-O. : 12,79, et un autre à E.-S.-E. : 13,25. L'Été, la moyenne générale de la saison est de 20,51, le maximum absolu est à E.-N.-E. : 22,79 (= + 2,28) ; le point du N.-E. a presque la même valeur, le minimum absolu est à S.-O.-S. : 17,58 (= — 2,93), différence totale : 5,21 ; un autre maximum est à N.-O. : 20,69 et un minimum en N. : 19.56. L'Automne donne comme moyenne générale : 14,47, le maximum absolu à N.-O. : 16,50 (= + 2,03), le minimum à N.-E.-N. : 11,97 (= — 2,50), la différence totale est de 4,53 ; S. qui a 15,61 présente un maximum relatif à E.-N.-E. : 14,48 ; il y en a un autre, deux minima, l'un à E.-S.-E. : 13,44, l'autre à S.-O.-S. : 14,22 font ressortir ces maxima. L'Hiver, la région du S.-O. domine de beaucoup celle du N.-E. ; au Printemps, S.-E. domine N.-O. ; l'Été, N.-E. domine N.-O. ; le minimum est dans la région du S., c'est E. qui domine ; il y a retour du maximum à O. pendant l'Automne où S. domine N.

RÉSUMÉ

Année, moyenne générale : 13°,90.

Max. à N.-O. + 2,50, min. N.-E.-N. — 2,91, N.-O. > S.-E., S. > N.

HIVER

Moyenne 7,37, maximum + 3,23, minimum — 3,07 = 6,30
max. S.-O.-S. min. N., 0 > E.

PRINTEMPS

Moyenne 13,22, maximum + 2,13, minimum — 2,63 = 4,76
max. E.-N.-E., min. N., E > 0.

ÉTÉ

Moyenne 20,51, maximum + 2,28, minimum — 2,93 = 5,21
max. E.-N.-E., min. S.-O.-S., E. > 0.

AUTOMNE

Moyenne 14,47, maximum + 2,03, minimum — 2,50 = 4,53
max. N.-O., min. N.-E.-N., O. > E.

Heures du jour. — A 6 h. du matin la moyenne générale est 10°,02, le maximum absolu à O. : 13,21 (= + 3,19), le minimum à E.-N.-E. : 7,37 (= — 2,65), la différence est de 5,84 ; un second maximum est à S.-E.-S. : 11,52. O.-S.-O. domine E.-N.-E. 9 h. moyenne générale 13,76, le maximum absolu est à N.-O. : 16,53 (= + 2,77), le minimum à N.-E.-N. : 11,86 (= — 1,90), la différence de 4,67, elle est moindre qu'à 6 h., le maximum a marché vers le N. ; midi, moyenne générale : 17,04 ; le maximum absolu est à E.-S.-E. : 18,14 (= + 1,10), le minimum absolu à N.-E.-N. : 14,07 (= — 2,97), différence : 4,07 ; deuxième maximum à N.-O. : 17,94, second minimum à O.-S.-O. : 16,14. Il y a opposition entre E. et O., E. est plus grand que O. 3 h. du soir, moyenne générale : 17,08 le maximum absolu est à E.-S.-E. : 19,04 (= + 1,96), le minimum à S. : 14,00 (= — 3,08), un autre minimum est à N.-E.-N. : 14,05, la différence totale des extrêmes absolus est de 5,04, le mouvement à E. a continué, il est à son maximum. N. égale S., mais N.-E. est plus grand que S.-O. 6 h. du soir, moyenne générale 13,96 ; le maximum absolu est à N.-O. : 15,82 (= + 1,86), second maximum à E. : 14,80 ; le minimum absolu est à N.-E.-N. : 10,04 (= — 3,92), différence totale : 5,78, autre minimum à S.-E.-S. : 12,14, S.-O.-S. : 12,47 ; ainsi retour du maximum vers l'O., mais opposition à l'E., et S. est plus grand que N. 9 h. du soir, moyenne générale : 11,52, le maximum absolu est à O.-S.-O. : 14,14

($= + 2,62$), le minimum à N.-E.-N. : 8,19 ($= - 3,33$), total de la différence : 5,95 ; maximum relatif à Sud : 12,37.

De O. à 6 h. du matin le maximum se porte vers le N. à 9 h. en même temps que le minimum de la région de l'E. diminue sensiblement ; ce mouvement donne le maximum à l'E. pour midi et 3 h. du soir moment où, pour la série tri-horaire, il atteint sa plus forte valeur, car à 6 h. du soir le maximum est revenu à N.-O., mais le S. a l'avantage sur le N. ainsi qu'à 9 h. du soir qui a le maximum O.-S.-O., le minimum absolu reste au N.-E.-N. pour toutes ces heures excepté pour celle de 6 h. du matin qui l'a en E.-N.-E.

RÉSUMÉ

6 h. moy. 10,02 max.	$+ 3,19$ O.	min. $- 2,65$ E.-N.-E.	diff. $= 5,84$ O. $>$ E.	
9 h. 13,76	2,77 N.-O.	1,90 N.-E.-N.	4,67 O. $>$ E.	
midi 17,04	1,10 E.-S.-E.	2,97 N.-E.-N.	4,07 E. $>$ O.	
3 h. 17,08	1,96 E.-S.-E.	3,08 N.-E.-N.	5,04 E. $>$ O.	
6 h. 13,96	1,86 N.-O.	3,92 N.-E.-N.	5,78 O. $>$ E.	
9 h. 11,52	2,62 O.-S.-O.	3,33 N.-E.-N.	5,95 O. $>$ E.	

Le maximum E.-S.-E. est à 3 h. du soir, le minimum E.-N.-E. est à 6 h. du matin ; le maximum de la différence des extrêmes absolus à 9 h. du soir, le minimum à midi.

Heures dans chaque saison. — 6 h. du matin, l'Hiver, la moyenne générale est de 4,13, le maximum absolu est à O. : 9,25 ($= + 5,12$), second maximum en S.-O.-S. : 9,18, le minimum absolu est à N.-E.-N. : 1,17 ($= - 2,96$), E.-S.-E. est de 1°,76, il y a donc un palier inférieur de N.-E.-N. à E.-S.-E., le palier supérieur est déprimé en S.-O. qui a 8,03. Le maximum réel est par conséquent à O.-S.-O., le minimum à E.-N.-E. La différence entre les extrêmes absolus est de 8,08. Printemps, la moyenne est de 8°,94, le maximum absolu est à la direction du vent de l'O. : 11,05 ($= + 2,11$), le minimum absolu à N.-O.-N. : 5,84 ($= - 3,10$), la différence totale : 5,21. Un second minimum est à N.-E.-N. : 7,31, le minimum absolu ne comprend que les deux points du N.-O.-N. et du N., le point de l'E. étant à 8,32, il n'y a que 2°,73 entre O. et E. ; il faut de plus remarquer le minimum relatif de O.-S.-O. : 9,99, qui diminue encore cet écart, S. est à 9,99, d'où c'est bien en E. que l'influence de la saison s'affirme le plus. Été, moyenne de la saison : 16,42, le maximum est à O.-S.-O. : 17,56 ($= + 1,14$), le minimum absolu en N.-E.-N. : 15,01 ($= - 1,41$), la différence totale : 2,55 ; un second maximum est à E.-S.-E. : 15,49, un maximum à E. : 16,66, ce point n'est plus inférieur à celui de l'O. que

de 0°,78. Automne, moyenne générale : 10,58, le maximum absolu est
à S. : 14,05 (= + 3,47), minimum absolu à E.-N.-E. : 7,40 (= — 3,18),
différence totale : 6,65, second maximum à O. : 13,53 et un autre
relatif à E. : 9,20.

RÉSUMÉ DE 6 HEURES DU MATIN

HIVER
Moyenne 4,13, max. = + 5,12 O. min. = — 2,93 N.-E.-N.
Différence totale : 8,08, O.-S.-O. > E.-N.-E.

PRINTEMPS
Moyenne 8,94, max. = + 2,11 O., min. = — 3,10 N.-O.-N.
Différence totale : 5,21, S.-O. > N.-E.

ÉTÉ
Moyenne 16,42, max. = + 1,14 O.-S.-O., min. = — 1,40 N.-E.-N.
Différence totale : 2,55, O. > E., S. > N.

AUTOMNE
Moyenne 10,58, max. = + 3,47 S., min. = — 3,18 E.-N.-E.
Différence totale : 6,65, S.-O. > N.-E.

La région O.-S.-O. domine les autres de beaucoup en Hiver, au Printemps celle de l'E. forme un terme moyen entre les extrêmes absolus qui
sont très-près l'un de l'autre, en O. et N.-O.-N l'influence de l'action solaire se manifeste, elle est en faveur de la région de l'E., et elle continue
pendant l'Été, car l'E. donne un second maximum peu inférieur au maximum absolu qui est à O.-S.-O. ; mais 'Automne la région du S.-O. reprend
l'avantage contre celle du N.-E., il y a retour sensible à ce que nous donne
l'Hiver.

9 h. du Matin. — Hiver, la moyenne de la saison : 6,22, le maximum
absolu à O.-N.-O. = 9,66 (= + 3,44), qui règne jusqu'en S.-O.-S. 9,59
a sa moyenne en O.-S.-O., e minimum absolu à N.-E. : 2,30 (= — 3,92),
différence totale : 7,36. Printemps, moyenne de la saison à 9 h. du matin : 13,48. Le maximum est à E.-S.-E. : 16,56 (= + 3,08), le minimum
à N.-E.-N. : 8,97 (= — 4,51). Différence totale : 7,59 ; il y a un autre
maximum à S. : 14,79, un autre encore à N.-O.-N. : 14,05 ; un minimum
relatif à S.-E.-S. : 12,67, puis deux autres l'un à O.-S.-O., l'autre O.-N.-O. :
13,12, O. : égale 13,64, il forme un léger maximum entre ces deux points.
Été, moyenne générale de la saison à 9 h. du matin : 21,05, le maximum
absolu est à S.-E. : 22,74 (= + 1,39), second maximum à E.-N.-E. :
22,58 ; le minimum absolu est à S.-E.-S. : 19,95 (= — 1,10), différence
totale : 2,79, second minimum à N.-E.-N. et N. : 21,15, le point S. : 20,69

donne la moyenne hauteur de la région qui va du S. par O. et le N. au deuxième minimum en N.-E.-N. Automne, moyenne générale : 14,30, le maximum est à O.-N.-O : 17,00 (= + 2,70), le minimum absolu à N.-E.-N. : 11,27 (= — 3,03), la différence totale de 5,73. Second maximum à S : 15,44, deuxième minimum à S.-E. : 12,86.

RÉSUMÉ DE 9 HEURES DU MATIN

HIVER

Moyenne 6,22, max. + 3,44, O.-S.-O., min. — 3,92 N.-E.
Différence totale : 7,36, O. > E., S. > N.

PRINTEMPS

Moyenne 13,48, max. + 3,08 E.-S.-E., min. 4,51 N.-E.-N.
Différence totale : 7,59, E. > O., S. > N.

ÉTÉ

Moyenne 21,05, max. + 1,69 S.-E., min. — 1,10 S.-E.-S.
Différence totale : 2,79, E.-S.-E. > N.-O., N. > S.

AUTOMNE

Moyenne 14,30, max. + 2,70 O.-N.-O., min. — 3,03 N.-E.-N.
Différence totale : 5,73, O.-N.-O. > E.-S.-E., S. > N.

L'Hiver, à 9 h. du matin, le maximum est un peu plus au N. qu'à 6 h., de l'O.-N.-O. au S.-O.-S. il présente un palier supérieur qui domine de beaucoup tous les autres points de la rose des vents ; il y a un peu moins de différence entre les extrêmes absolus qu'à 6 h., mais la courbe a plus d'unité ; au Printemps la région de l'E. domine celle de l'O. et le S. est plus grand que le N. ; l'Été le palier supérieur règne du S.-E. à E.-N.-E. et le N. domine faiblement le S. ; en Automne il y a encore retour marqué vers l'O.-N.-O. qui domine les autres points.

Midi. — L'Hiver la moyenne générale de la saison est de 10°,38, le maximum absolu est à S.-O.-S. : 14,21 (= + 3,83), le minimum à N -E. : 5,94 (= — 4,44), différence totale : 8,27 ; Printemps, moyenne générale 16,18, le maximum absolu est en S.-E.-S. : 20,34 (= + 4,16), un second maximum en E.-N.-E. : 19,44 est à l'extrémité d'un palier supérieur, le minimum absolu est à N.-O.-N. : 12,88 (= — 3,30), différence totale : 7,46. Été, moyenne générale : 23,70, le maximum absolu est à E.-S.-E. : 27,44 (= + 3,74), un second maximum est à N.-E. : 26,19 ; le minimum absolu à O.-N.-O. : 22,10 (= — 1,60), car le point de S.-O.-S. : 13,00 ne comprenant que deux observations, nous croyons devoir le considérer comme une anomalie ; différence totale : 5,34 ; un minimum relatif est à

N.-E.-N. : 23,94 et un faible maximum à N. : 24,43 ; il y a deux paliers, l'un supérieur de S.-E. à N.-E., l'autre inférieur de N.-O. à O.-S.-O. Automne, moyenne générale : 17,91, le maximum absolu est à S. : 20,11 (= + 2,20), le minimum absolu en N. : 14,90 (= — 3,01), différence totale : 5,21 ; autre minimum à S.-O.-S. : 15,21, deux maximum se font opposition, l'un point isolé, à N.-O.-N : 19,20, l'autre, fin d'un palier supérieur, est à S.-E. : 19,42.

RÉSUMÉ DE MIDI

HIVER
Moyenne 10,38, max. + 3,83 S.-O.-S., min. — 4,44 N.-E.
Différence totale : 8,27, O. > E., S. > N.

PRINTEMPS
Moyenne 16,18, max. + 4,16 S.-E.-S., min. — 3,30 N.-O.-N.
Différence totale : 7,46, E. > O., S. > N.

ÉTÉ
Moyenne 23,70, max. + 3,74 E.-S.-E., min. — 1,60 O.-N.-O.
Différence totale : 5,34, E. > O., N. > S.

AUTOMNE
Moyenne 17,91, maximum + 2,20 S., minimum — 3,01 N.
Différence totale : 5,21, E. > O., S. > N.

L'Hiver le maximum a marché depuis 9 h. du matin vers le S., il n'est plus qu'un point isolé, mais l'O. domine encore l'E. ; au Printemps l'action si sensible à 9 h. s'accentue considérablement à midi en faveur de l'**E.** qui domine de S.-E.-S. à E.-N.-E. Il en est de même l'Été, mais le maximum s'est porté un peu vers le N. et S. est moins grand que N. ; le maximum de l'E. s'atténue beaucoup en Automne, il retourne vers la région du S.

3 h. du Soir. — Hiver, moyenne générale : 10,37, le maximum absolu est à S. : 14,24 (= + 3,87), le minimum absolu aussi à N. : 6,13 (= — 4,24), différence entre ces deux extrêmes : 8,11, autre maximum à O. : 11,63, second minimum à S.-E. : 8,86 : O. domine E. Printemps, moyenne générale : 16,35, le maximum absolu est à S. : 21,97 (= + 5,62), le minimum à N. : 14,51 (= — 1,84), la différence est de 7,46 ; un second maximum est à E. : 20,02, il va jusqu'à E.-N.-E. : 19,96. Été, moyenne générale : 23,85, le maximum absolu est à E.-N.-E. : 29,08 (= + 5,23), minimum absolu N.-O.-N. : 21,71 (= — 2,14), différence totale : 7,37. Le minimum absolu est en S. : 18,46, ce point n'a que cinq observations ; en les réunissant à celles du S.-O.-S. et du S.-E.-S. on a un total de dix-sept observations, dont la moyenne est de 22,86. Automne, moyenne générale : 17,75, le maximum est à E.-S.-E. : 20,04 (= + 2,29), il règne de S.-E. à E.-N.-E. ; le minimum absolu est à O.-S.-O. : 13,70 (= — 4,05), second maximum à N.-O. : 18,58, deuxième minimum à N.-E. : 15,44.

RÉSUMÉ DE 3 HEURES DU SOIR

HIVER

Moyenne 10,37, max. + 3,87 S., min. — 4,24 N.

Différence totale : 8,11, O. > E.

PRINTEMPS

Moyenne 16,35, max. + 5,62 S., min. — 1,84 N.

Différence totale : 7,46, E. > O.

ÉTÉ

Moyenne 23,85, max. + 5,23 E.-N.-E., min. — 2,14 N.-O,-N.

Différence totale : 7,37, E. > O.

AUTOMNE

Moyenne 17,75, max. + 2,29 E., min. — 4,05 O.-S.-O.

Différence totale : 6,34, E. > O., S. > N.

En Hiver, à 3 h. du soir, le maximum est en S. comme nous l'avons vu à midi dans cette même saison, mais il est plus isolé au-dessus des autres points et comme à midi aussi O. domine E. ; au Printemps S. domine plus qu'à midi, l'avantage maximum est à la région du S.-E., contre celle du N.-O., il en est de même l'Été où c'est l'E.-N.-E. qui domine toutes les autres directions du vent, S. n'ayant qu'un maximum relatif ; l'Automne, une opposition se produit à N.-O., mais la région du S.-E. à l'E.-N.-E. forme un large sommet qui domine l'ensemble, ainsi à 3 h. du soir E. > O. Printemps, Été, Automne, O. > E. Hiver.

6 h. du Soir. — Hiver moyenne générale de la saison : 7,25, le maximum est à S.-O.-S. : 10,54 (= + 3,29), le minimum à N. : 4,53 (= — 2,72), différence entre ces termes extrêmes : 6,01 ; autre maximum à N.-O. : 8,37, second minimum en E., il est de E.-S.-E. à E.-N.-E. : 5,95. Printemps, moyenne générale : 13,64, le maximum est à E.-S.-E. : 19,02 (= + 5,38), le minimum absolu à N.-O.-N. : 10,64 (= — 3,00), différence totale : 8,38 ; un second maximum est à S. : 17,94, il est séparé du premier par un minimum relatif en S.-E. : 14,66 : un deuxième minimum va de N.-O. par O. à S.-O. : 12,85. Été, moyenne générale : 20,96, le maximum est à E. : 25,63 (= + 4,67), le minimum est à N.-O. : 19,92 (= — 1,04), il forme un palier qui règne de N. à O.-S.-O. : 20,03, la différence totale est de 5,71. Le minimum absolu est à S.-O.-S. : 15,92

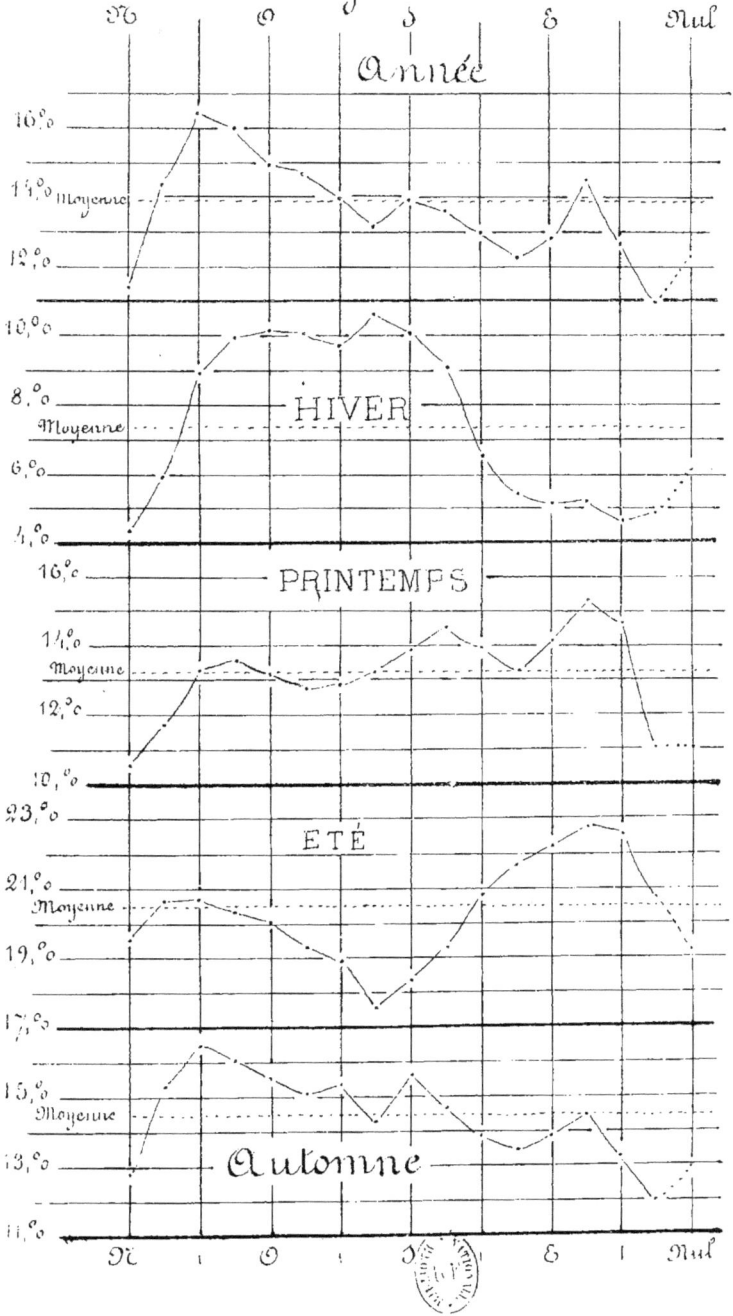

Température

Année

16,% ─

14,% Moyenne

12,% ─

10,% ─

8,% ─
Moyenne

6,% ─

4,% ─

HIVER

16,°c ─
PRINTEMPS

14,% ─
Moyenne

12,°c ─

10,% ─

23,% ─
ÉTÉ

21,% ─
Moyenne

19,% ─

17,% ─

15,% ─
Moyenne

13,% ─ Automne

11,% ─

No 18

Température à Heures du Soir

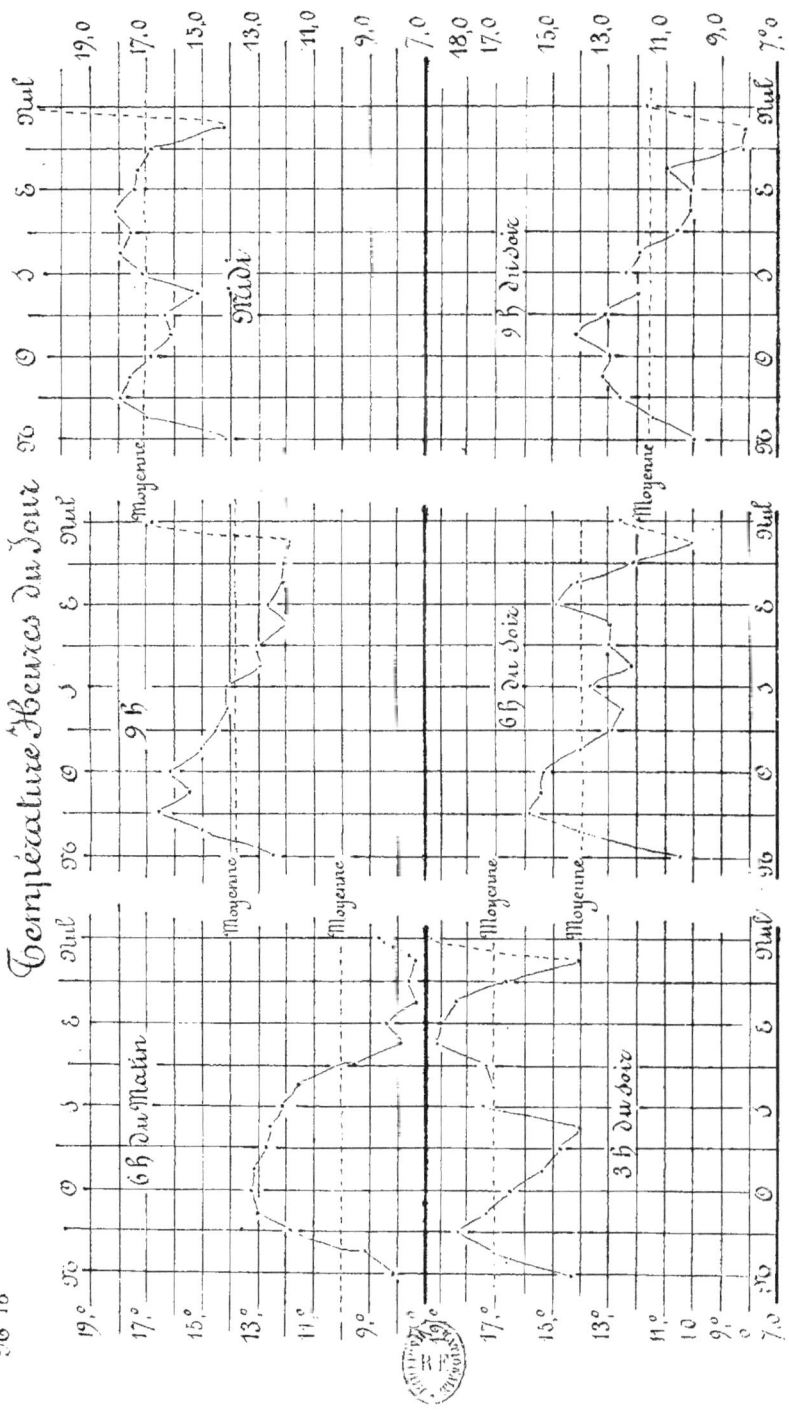

6 h du Matin

9 h

Midi

3 h du soir

6 h du Soir

9 h du soir

Moyenne

19,° 17,° 15,° 13,° 11,° 9,° 19° 17,° 15,° 13,° 11,° 10° 9,° 7,°

19,0 17,0 15,0 13,0 11,0 9,0 7,0 18,0 17,0 15,0 13,0 11,0 9,0 7,0

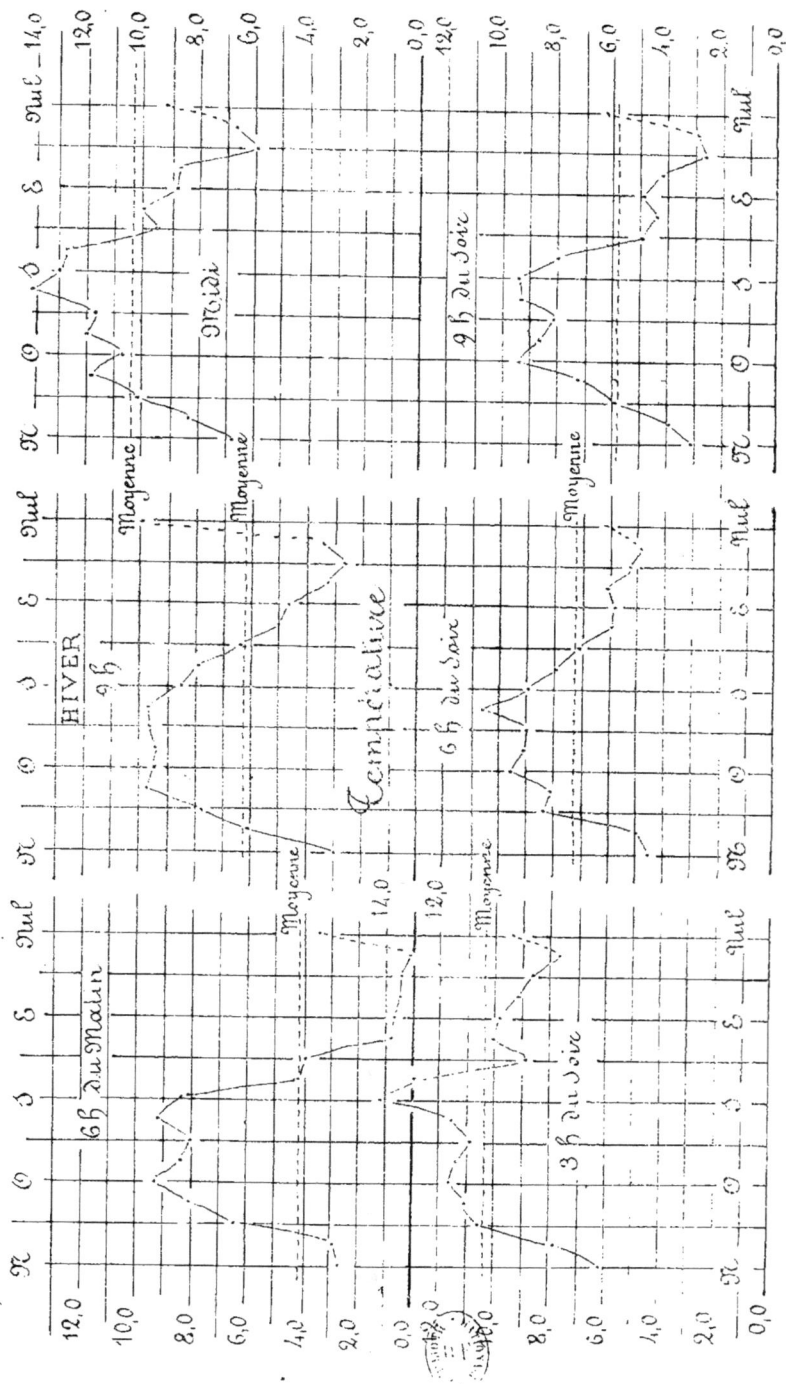

N°19

HIVER

Température

6h du Matin

9h

Midi

6h du Soir

3h du Soir

9h du Soir

Moyenne

14,0
12,0
10,0
8,0
6,0
4,0
2,0
0,0
12,0
10,0
8,0
6,0
4,0
2,0
0,0

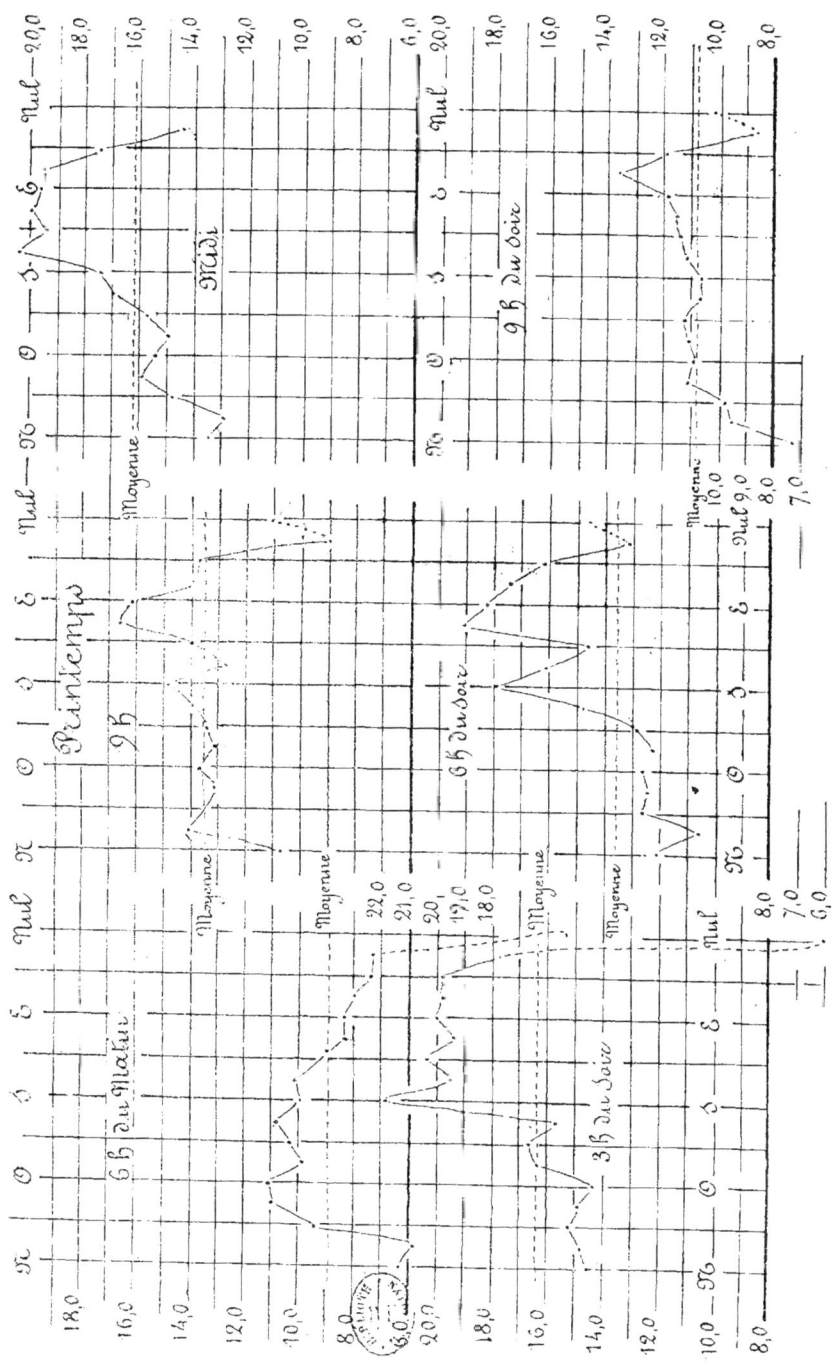

Printemps

6 h du Matin
9 h
Midi
3 h du Soir
6 h du Soir
9 h du soir

Moyenne

22,0
21,0
20,1
19,0
18,0
16,0
14,0
12,0
10,0
8,0

18,0
16,0
14,0
12,0
10,0
8,0
6,0

20,0
18,0
16,0
14,0
12,0
10,0
8,0
6,0

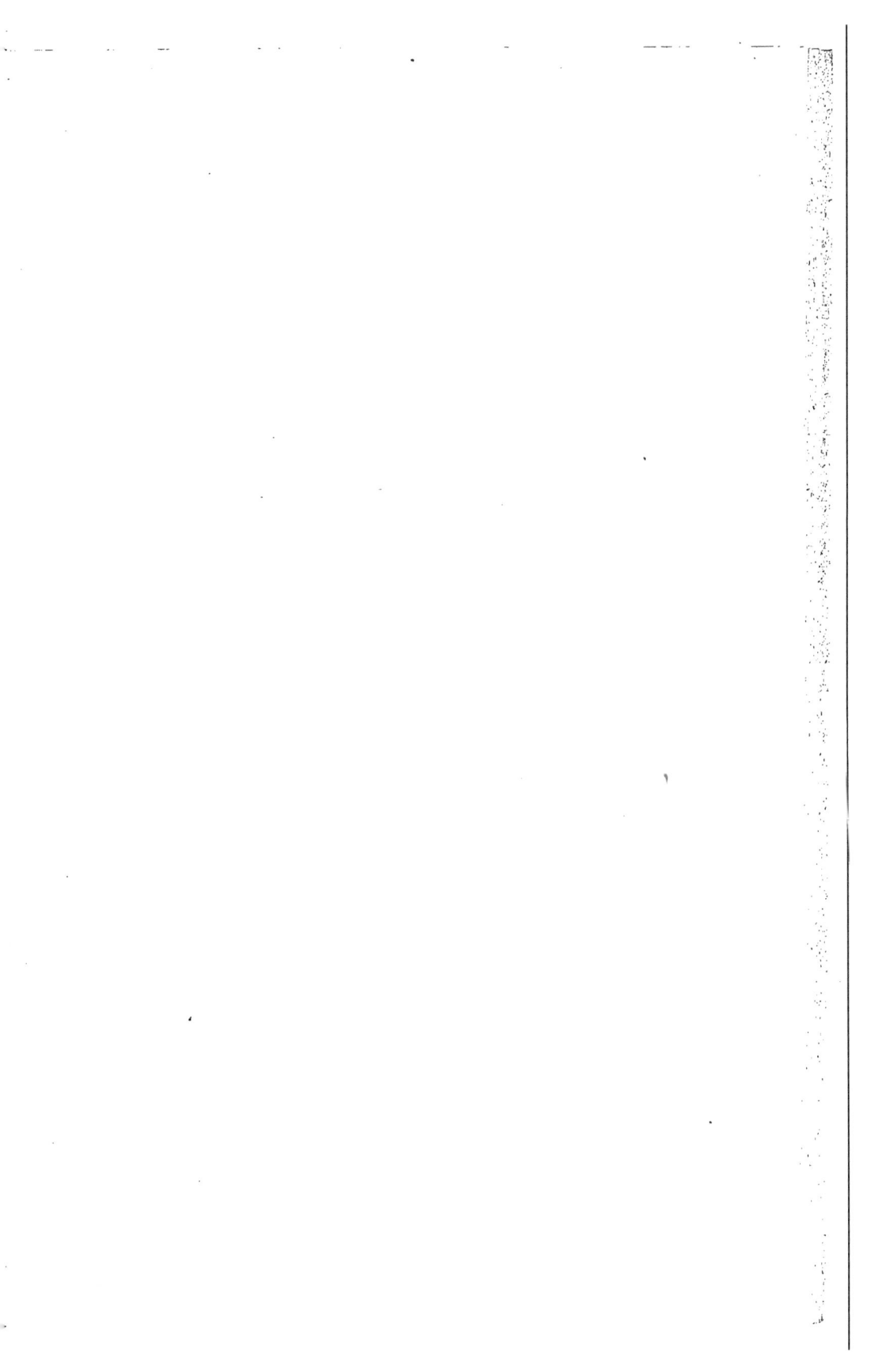

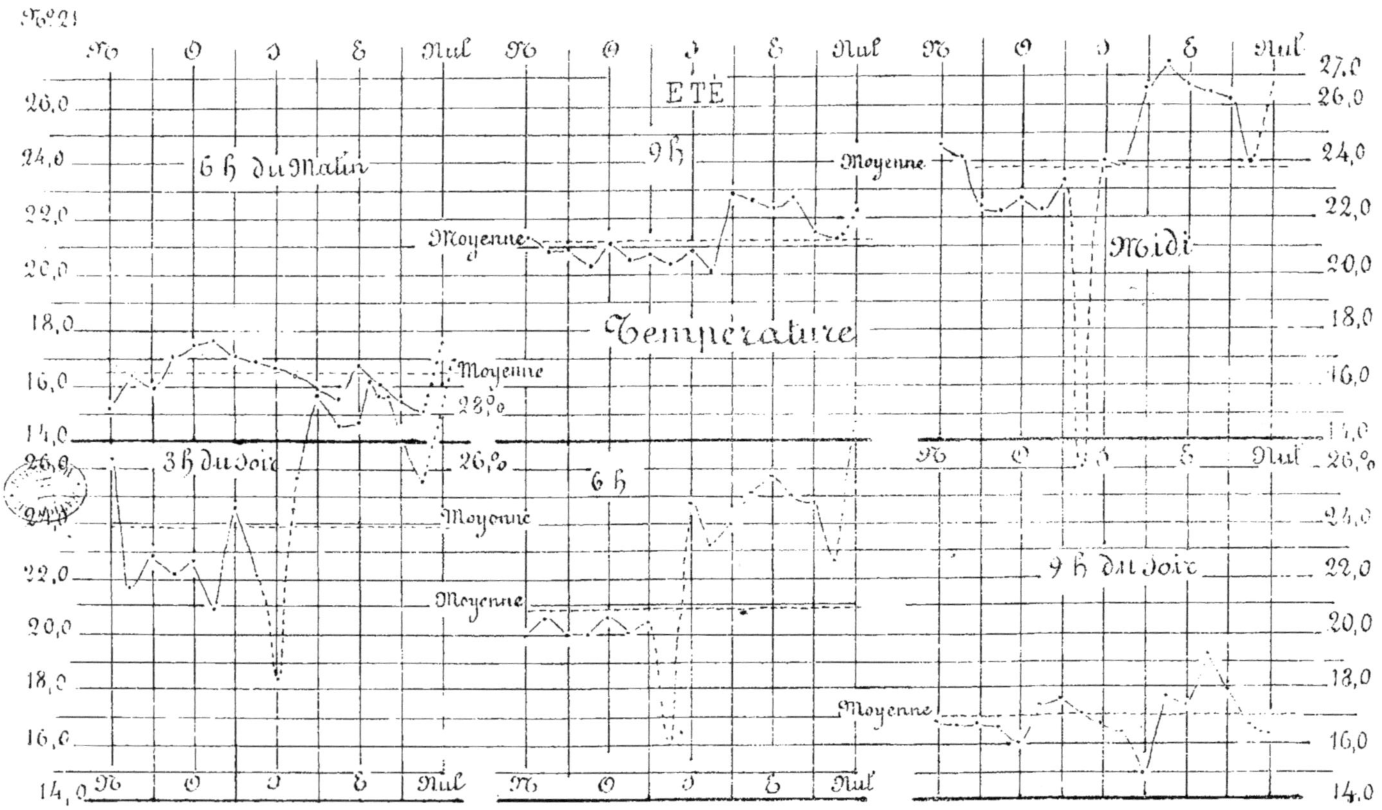

Température

ÉTÉ

Midi

Moyenne

6 h du Matin

3 h du soir

9 h du soir

Moyenne

27,0 26,0 24,0 22,0 20,0 18,0 16,0 14,0 26,0 24,0 22,0 20,0 18,0 16,0 14,0

26,0 24,0 22,0 20,0 18,0 16,0 14,0 26,0 24,0 22,0 20,0 18,0 16,0 14,0

26,0 28,0 26,0

95

No 22

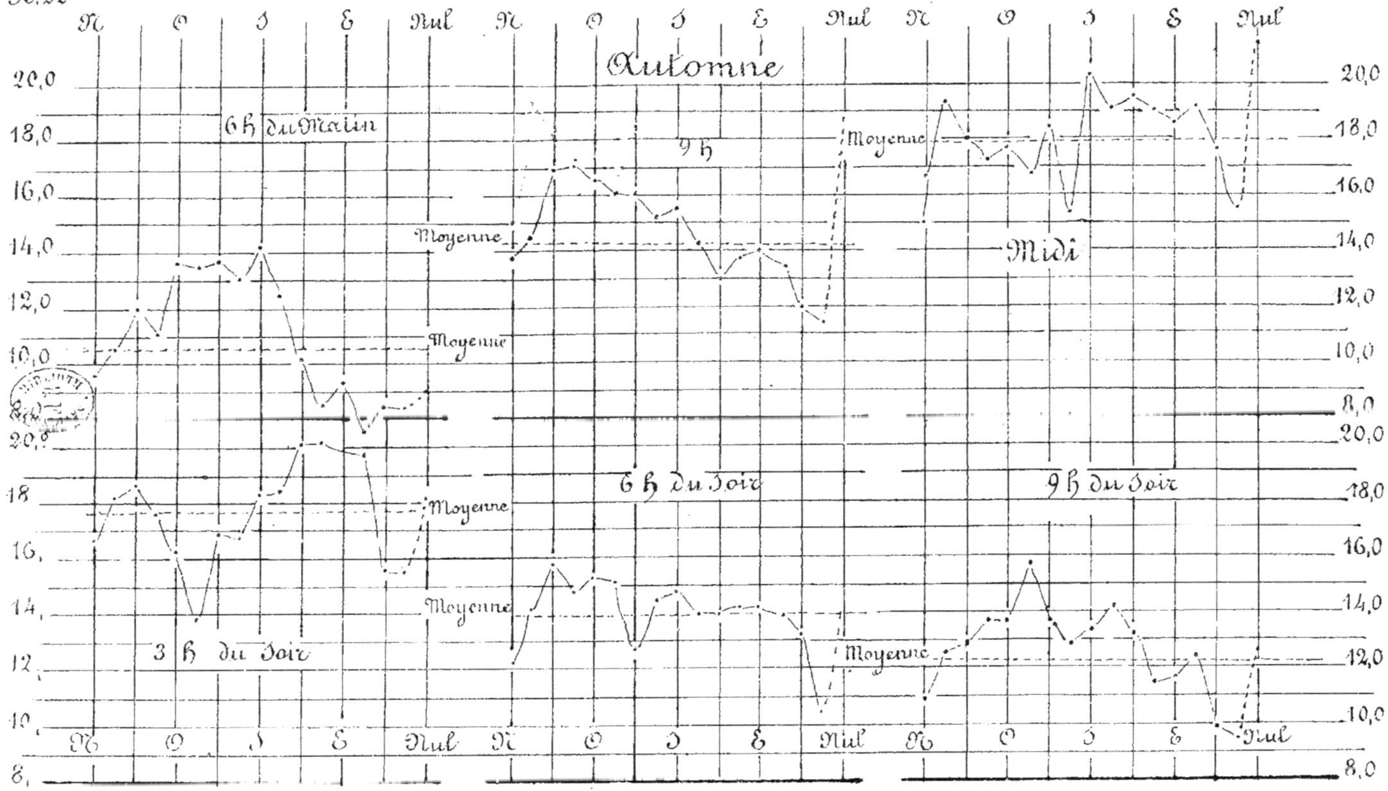

Automne

6 h du Matin

9 h

Moyenne

Moyenne

Midi

Moyenne

3 h du Soir

6 h du Soir

9 h du Soir

Moyenne

Moyenne

20,0 18,0 16,0 14,0 12,0 10,0 8,0

20,0 18,0 16,0 14,0 12,0 10,0 8,0

20,0 18,0 16,0 14,0 12,0 10,0 8,0

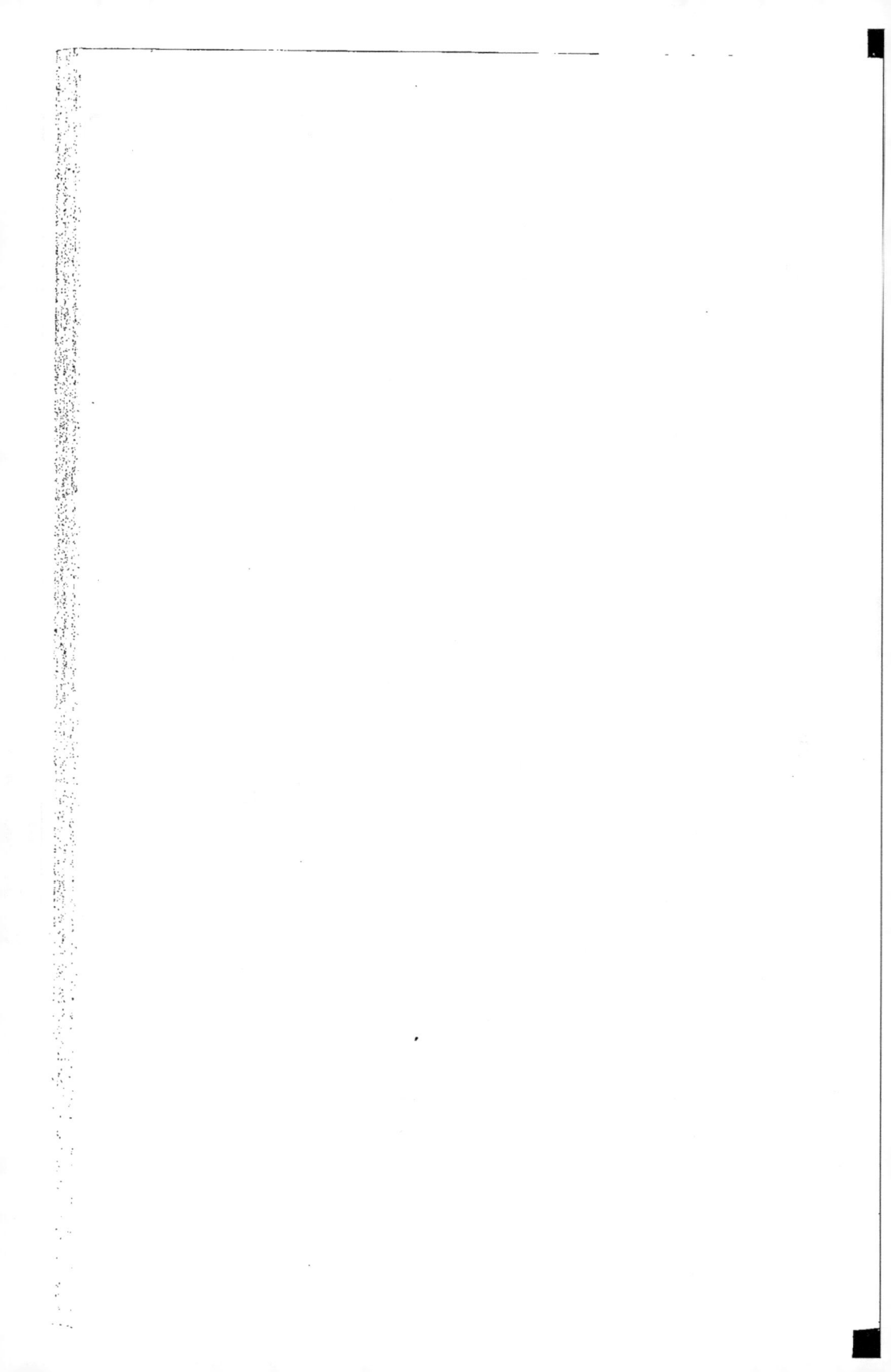

mais ce point n'a que quatre observations ; en les réunissant aux trois du
S.-E.-S. et aux dix du S., on a la moyenne de 22,34 pour ces dix-sept,
qui est plus près, croyons nous, de la vérité. Automne, moyenne générale :
13,99, le maximum absolu est à N.-O. : 15,73 (= + 1,74), le minimum
à N.-E.-N. : 10,42 (= — 3,57), différence totale : 5,31 ; O. : 15,19. E.
14,08 ; ils expriment la moyenne l'un de la région qui règne de N.-O.-N. à
O.-S.-O., l'autre de celle du S.-E.-S. à l'E.-N.-E., un minimum relatif en
S.-O. : 12,62 sépare ces deux régions.

RÉSUMÉ DE 6 HEURES DU SOIR

HIVER
Moyenne 7,25, max. + 3,29 S.-O.-S., min. — 2,72 N.
Différence totale : 6,01, O. > E., S. > N.

PRINTEMPS
Moyenne 13,64, max. + 5,38 E.-S.-E., min. — 3,00 N.-O.-N.
Différence totale : 8,38, E. > O., S. > N.

ÉTÉ
Moyenne 20,96, max. + 4,67 E., min. — 1,04 N.-O.
Différence totale : 5,71, E. > O., S. > N.

AUTOMNE
Moyenne 13,99, max. + 1,74 N.-O., min. — 3,57 N.-E.-N.
Différence totale : 5,31, O. > E., S. > N.

Comme à 3 h. du soir, en Hiver, le maximum se trouve à 6 h. dans la
région du S., mais il s'est porté un peu vers O. ; au Printemps il est à
E.-S.-E. et à S., mais en S.-E. il y a un important minimum relatif qui
reporte le maximum réel en E.-N.-E., le point du S. a par conséquent
perdu depuis 3 h. au Printemps : néanmoins la région du N. est dominée
par celle du S. L'Été, E. domine tous les autres points, le minimum va
du N. à S.-O. En Automne, le maximum est revenu à la région de l'O., le
minimum reste toute l'année dans celle du Nord.

9 h. du Soir. — L'Hiver, la moyenne générale de la saison est de :
5,87, le maximum absolu est à O. : 9,42 (= + 3,55), à S. nous avons :
9,36 et un minimum relatif en S.-O. : 8,06, le maximum est réellement
en S.-O. Le minimum à N.-E. : 2,59 (= — 3,28), la différence totale est
de 6,83. Printemps, moyenne générale : 10,77, le maximum absolu est à
E.-N.-E. : 13,58 (= + 2,81), le minimum absolu est à N. : 7,47 (= —
3,30), différence totale : 6,11 ; un second maximum est à O.-N.-O. : 11,21,
un minimum relatif en S. : 10,64. Été, moyenne générale : 17,10, le

5

maximum absolu est à E.-N.-E. : 19,12 (= + 2,02), le minimum absolu est à S.-E. : 14,82 (= — 2,28), la différence totale : 4,30 ; un second maximum est à S.-O. : 17,53, un deuxième minimum à O. : 16,00. Automne, moyenne : 12,34, le maximum absolu est à O.-S.-O. : 15,65 (= + 3,31) ; le minimum absolu à N.-E.-N. : 9,46 (= — 2,88), la différence totale est de 6,19 ; il y a deux autres minima l'un à S.-E.-S. : 14,10, l'autre à E.-N.-E. : 12,30, et deux minima à E.-S.-E. : 11,40, à S.-O.-S. : 12,82.

RÉSUMÉ DE 6 HEURES DU MATIN

HIVER
Moyenne 5,87, max. + 3,55 S.-O., min. — 3,28 N.-E.
Différence totale : 6,83, O. > E., S. > N.

PRINTEMPS
Moyenne 10,77, max. + 2,81 E.-N.-E., min. — 3,30 N.
Différence totale : 6,11, E. > O., S. > N.

ÉTÉ
Moyenne 17,10, max. + 2,02 E.-N.-E., min. — 2,28 S.-E.
Différence totale : 4,30, E. > O., N. > S.

AUTOMNE
Moyenne 12,34, max. + 3,31 O.-S.-O., min. — 2,88 N.-E.-N.
Différence totale : 6,19, O. > E., S. > N.

A 9 h. du soir, en Hiver, c'est le S.-O. qui a le maximum, mais au Printemps et l'Été l'influence de l'E. a singulièrement diminué depuis 6 h. du soir ; le maximum de l'O. s'est au contraire accentué en Automne.

RÉSUMÉ GÉNÉRAL DE LA TEMPÉRATURE

Année. — La région du N.-O. a le maximum absolu, le minimum à N.-E.-N. ; un second maximum est à E.-N.-E. ; il y a par conséquent opposition ou lutte entre O. et E., le point du S. a une température plus élevée que celle du point du N.

Saisons. — La température de la direction du vent de la région du S.-O.-S. a le maximum en Hiver, le minimum est alors à l'E.-N.-E. ; au Printemps E.-S.-E. domine O.-N.-O., mais la différence est sensiblement moindre entre les régions opposées l'une à l'autre qu'en Hiver ; l'Été, le maximum dans la région de l'E. est plus vers le N. qu'au Printemps et la région du N.-O. forme un second maximum, le minimum est dans la région du S. ; en Automne l'inverse se produit, le maximum est en N.-O., second maximum à E.-N.-E. et S. domine N. Ainsi, pour les saisons, le maximum marche de l'O. à l'E. par S. et retourne à O. par N., le minimum de N.-E. se porte à N., et par O. passe à S., puis par E. revient au Nord.

Heures. — Le maximum de O , à 6 h. du matin, se porte vers le N. à 9 h. en même temps que la température de tous les points des régions du S., de l'E. et du N.-E. augmente relativément plus que celle du N.-O., ce qui diminue la différence entre O. et E. A midi, E. domine O., le maximum de l'augmentation de l'E. est à 3 h. du soir, car à 6 h. c'est la région du N.-O. qui a le maximum général ; à E., il n'y a plus qu'un second maximum, celui-ci n'est plus qu'indiqué à 9 h. du soir en E.-N.-E. Ainsi, l'influence solaire se manifeste généralement à 9 h. du matin, elle atteint son maximum à 3 h. du soir.

La comparaison tri-horaire dans les saisons nous donne en Hiver le maximum en S.-O., le minimum à N.-E. à 6 h. du matin ; cette zône du maximum prend de l'unité à 9 h. et celle du minimum est réduite au seul point de N.-E.-N. ; une influence, légère il est vrai, se montre déjà à 9 h. du matin en Hiver, cette influence s'accentue à midi, elle continue jusqu'à 3 h. du soir, ensuite elle diminue, mais le maximum absolu reste dans la région du S. quoiqu'il se porte vers l'O., surtout depuis 6 h. du soir. Au Printemps, l'influence qui n'est indiquée qu'à midi pendant l'Hiver, en faveur de l'E., est déjà très-marquée à 6 h. du matin ; mais à cette heure O. domine E. ; le contraire se produit aux autres heures, E. domine O. ; il en est de même pendant l'Été, mais en Automne O. a l'avantage sur l'E. à 6 et 9 h. du matin et à 9 h. du soir. Tous ces changements du maximum s'effectuent d'O. en E. par S. ; ils suivent pour les saisons et pour les heures du jour la marche du soleil.

Tension de la Vapeur d'Eau

La moyenne générale des dix années est de 9^{mm},29. C'est le vent O. qui a le maximum = 10^{mm},64 dépassant la moyenne de 1^{mm},35, le minimum est en N.-E.-N. = 7,66 moindre que la moyenne générale de 1^{mm},63, différence totale : 2,98 ; second maximum en S.-E. = 9,04, inférieur à la moyenne, deuxième minimum à O.-S -O. = 8,40, la région du maximum d'ensemble O. est plus accentuée, mais de moindre étendue que le palier formé à E. Ainsi, plus forte différence en dessous qu'au-dessus de la moyenne générale.

Saisons. — La moyenne de l'Hiver = 6^{mm},11, le maximum est à O. = 7^{mm},59, il est de 1^{mm},45 au-dessus de la moyenne de cette saison ; minimum N.-E.-N. = 5^{mm},26, de 0^{mm},85 moindre que la moyenne, la différence entre les extrêmes absolus est de 2^{mm},33 ; la courbe montre un palier inférieur de N.-E.-N. à N.-O.-N., puis une montée rapide de N.-O.-N. au max. O. de la pente qui descend jusqu'au minimum N.-E.-N.

La moyenne du Printemps est 8^{mm},08, le maximum est à O. = 8,75, de 0^{mm},67 seulement supérieur au-dessus à la moyenne générale, le minimum est à N.-E.-N. et N. = 6,88 de 1^{mm},20 inférieur à cette même moyenne ; différence totale : 1,87. Nous avons remarqué que N.-E.-N. forme un minimum à la direction du vent, il y a un second maximum à E. = 8^{mm},41 (= + 0,33), et un deuxième minimum en S. = 7,71 (= − 0,37) ; ce maximum est de 0,33 plus fort que la moyenne de la saison et le minimum de 0,37 moindre ; une opposition est entre O. et E., ainsi que de S. à N.

L'Été nous donne 13^{mm},09 pour moyenne générale, le maximum à E. = 13,65, de 0,56 supérieur à la moyenne, le minimum en N.-E.-N. = 12,06 (= − 1^{mm},03), différence totale : 1,59, second maximum à O. = 13,58, deuxième minimum en S. 12,92, il y a encore opposition entre E. et O., S. et N.

En Automne, moyenne générale = 9,86, le maximum est à N.-O. 10,87 (= + 1,01), il diminue peu de ce point à celui de O. qui donne 10,79, minimum N.-E.-N. 8,50 (= − 1,36), différence totale : 2,37 ; il descend plus qu'il ne monte, mais comme en Été il y a beaucoup plus de directions des régions de l'E. et de l'O. que du N. ou du S., la baisse extrême est donc un fait accidentel ; un second maximum est à E. = 9,83 (= − 0,03), un minimum relatif S.-O.-S. = 9,05 (= − 0,81), il y a opposition entre O. et E.

Ainsi, pour l'année, c'est la région de l'O. qui domine les autres, celle de l'E. forme un second maximum qui est inférieur à la moyenne générale de la tension de la vapeur d'eau. C'est l'Été qui offre le maximum des saisons = 13,09, l'Hiver le minimum = 6,11, ces deux quantités diffèrent de 6^{mm},98 ; l'Automne vient ensuite = 9,86, puis le Printemps = 8,08. En Hiver, O. domine franchement, au Printemps cette région a encore le maximum de la tension, mais en E. nous avons un second maximum très-marqué par le minimum relatif de la région du S. ; l'Été le maximum passe à E., mais il est peu supérieur à celui produit en O. par le minimum relatif du S. ; l'Automne c'est l'Ouest qui reprend le maximum absolu très-nettement, E. n a plus que le second maximum.

TENSION MAXIMUM

ANNÉE	HIVER	PRINTEMPS	ÉTÉ	AUTOMNE
O.	O.	O.	E.	O.

Le minimum absolu est toujours à N.-E.-N.

Il y a opposition entre O. et E. pendant le Printemps, l'Été et l'Automne et aussi entre le S. et le N. ; celui-ci est inférieur.

La moyenne de l'année à 6 h. du matin est de = 8^{mm},69, c'est le minimum tri-horaire pour les dix ans : la direction O.-S.-O. a le maximum absolu = 10,48 (= + 1,79) qui forme un palier supérieur allant jusqu'à O.-N.-O. = 10,39, c'est donc O. qui a le maximum réel de la tension de la vapeur d'eau ; à 6 h. du matin dans l'ensemble de l'année, le minimum est à N.-E.-N. = 7,24 (= — 1,45), la différence entre les deux extrêmes = 3^{mm},24, mais elle est plus grande au-dessus de la moyenne qu'au-dessous, c'est par conséquent O. qui domine, malgré le faible maximum relatif qui se produit en S.-E.-S. = 9,43 ; la pente qui du maximum descend au minimum est courte et rapide par N., longue de l'autre côté.

A 9 h. du matin la moyenne générale des dix ans = 9,43, le maximum est à O. = 11,12 (= + 1,69), N.-O. l'égale presque 10^{mm},99, le maximum réel est donc O.-N.-O. ; depuis 6 h. du matin il a marché vers le N. Le minimum est à N.-E.-N. = 8,11 (= — 1,32), la différence des extrêmes = 3,01, elle est moindre qu'à 6 h. du matin, les deux termes se sont rapprochés, car c'est toujours la différence au-dessus de la moyenne générale qui est la plus forte. Un second maximum est en S.-E. = 9,75 (= + 0,32), il va jusqu'à E. = 9,04 ; un second minimum est à S.-E.-S. = 8,46 (= — 0,97) ; ainsi, deux influences se montrent à 9 h. du matin, l'une en O.-N.-O., qui est la plus forte quant à la tension de la vapeur d'eau, l'autre en E.-S.-E. ; nous avons vu le contraire pour la direction du vent.

Midi. — La moyenne générale des dix années est 9,54, c'est le maximum général tri-horaire, le maximum absolu est à O.-N.-O. = 10,46 (= + 0,92), O. donnant 10,36 forme un palier supérieur, mais en N.-O. il y a un minimum relatif : 8,79, qui atténue le maximum absolu qui est véritablement en O. : minimum à S.-O.-S. = 7,37 (= — 2,17), différence totale : 3,19), second maximum à E.-S.-E. = 9,86, deuxième minimum à N.-E.-N. = 8,09 ; il y a retour du maximum vers O. et un autre maximum très-accusé à E.-S.-E., il y a opposition entre ces deux points qui sont séparés par les minimum du N. et du S. ; dans cette lutte le minimum descend plus du double au-dessous de la moyenne que le maximum ne s'élève au-dessus.

3 h. du Soir. — Moyenne générale = 9,47, le maximum est à E. = 10,31 (= + 0,84), second maximum à N.-O. = 10,25, minimum à S.-O.-S. = 7,45 (= — 2,02), différence totale : 2,86, deuxième minimum en N.-E.-N. = 7,73 ; l'avantage de la lutte entre E. et O. est pour le premier de ces deux points, c'est le maximum de son influence que nous allons voir diminuer à 6 h. du soir et disparaître à 9 h.

6 h. du Soir. — Moyenne générale = 9,40, maximum à O. = 10,58 (= +1,18), second maximum à E. = 9,61, minimum N.-E.-N. = 7,50 (= — 1,90), différence totale : 3,08, deuxième minimum à S.-O.-S. = 8,70, l'O. a repris l'avantage, mais E. est encore très-accentué.

9 h. du Soir. — Moyenne générale = 9,17, le maximum est à O. = 11,59 (= + 2,42), minimum à N.-E.-N. = 7,28 (= — 1,89), différence totale : 4,31, le maximum monte plus au-dessus de la moyenne générale que le minimum ne descend au-dessous. Deuxième minimum E.-S.-E. = 8,31 et un autre en S.-O.-S. = 8,70, O. domine franchement.

En résumant, nous voyons que le minimum général est à 6 h. du matin, le maximum à midi ; que le maximum pour 6 h. et 9 h. du matin et du soir est à O., que midi et 3 h. du soir donnent presque l'égalité entre O. et E., mais que l'avantage passe de O. à E. vers 3 h. du soir, pour peu de temps ; cette influence de l'Est, encore très-accusée à 6 h. du soir, est à peine sensible à 9 h. du soir et à 6 h. du matin. Enfin, le minimum d'écart entre les extrêmes absolus est à 3 h., le maximum à 9 h. du soir ; la différence de la moyenne générale à la valeur extrême est en faveur du maximum absolu à 6 h., 9 h. du matin et 9 h. du soir ; c'est l'inverse à midi, 3 et 6 h. du soir.

DE L'HEURE DU JOUR DANS CHAQUE SAISON

6 h. du Matin. — Hiver, moyenne générale 5,57, le maximum est à O. = 7,67 (= + 2,10), le minimum en N.-E.-N. = 4,64 (= — 0,93), différence entre ces extrêmes = 3,03. Printemps, moyenne = 7,70, maximum en O. = 8,89 (= + 1,19), un peu plus élevé que O.-N.-O. : minimum en N.-O.-N. = 6,08 (= — 1,62), différence entre les extrêmes 2mm,81 ; mais nous avons un second minimum en N-E. = 6,94 (= — 0,76), suivi d'une légère augmentation en N.-E.-N. terminant la pente générale qui descend du maximum O.-N.-O. ; sur cette pente il y a un minimum relatif en S. = 7,54 : au Printemps, à 6 h. du matin, il y a par conséquent opposition entre S. et N., et O. domine sensiblement E., quoique celui-ci ait une plus grande valeur qu'en Hiver. Été, moyenne = 12,56, maximum O.-S.-O. = 13,52 (= + 0,96), minimum à N.-E.-N. = 10,18 (= — 2,38), la différence entre les extrêmes est 3,34, second maximum à E. = 12,71. Il y a un minimum relatif en E.-S.-E. = 11,91 ; une pente faible descend du maximum absolu O.-S.-O. jusqu'en S.-E.-S., puis le minimum relatif forme un fossé la séparant du point E. qui semble devoir être sa fin normale ; la région du N. donne le minimum réel, il y a opposition entre le N. et le S., mais c'est encore O. qui domine. Automne, moyenne de la saison = 8,93, le maximum est O. = 10,64 (= + 1,71), minimum E.-N.-E. = 7,25 (= — 1,68), la différence des extrêmes est 3,39, cette ligne présente deux maxima relatifs : S.-E.-S. = 9,69, E. = 8,46 et deux minima relatifs aussi : E.-N.-E. = 7,25, S.-O.-S. = 9.09. Le maximum est revenu en O., le minimum s'est rapproché d'E., O. domine, mais la région du S. a l'avantage sur celle du N. L'influence de l'E., nulle en Hiver à 6 h. du matin, se montre vivement au Printemps et en Été, puis tend à disparaître pendant l'Automne.

9 h. du Matin. — Hiver, moyenne de la saison = 6,02, le maximum absolu est à O.-N.-O. = 7,64 (= + 1,62), le minimum à N.-E. = 4,82 (= — 1,20), deux pentes l'une courte et rapide dans la région du N., l'autre longue et douce dans le S. et E. Printemps, la moyenne est 8,31, le maximum à E.-S.-E. = 9,47 (= + 1,16), le minimum en N.-E.-N. = 6,23 (= — 2,08), la différence est de 3,24 ; second maximum à O. 9,11, deuxième minimum en S.-E.-S. = 7,08 ; E. domine O., il y a lutte entre ces deux points, N. est moindre que S. Été, moyenne de la saison = 13,35, maximum en E.-S.-E. = 14,19 (= + 0,84), minimum à N.-E.-N. = 11,84 (= — 1,51), la différence est 2,35 : second maximum à O. = 14,02, deuxième minimum en S. = 12,49, il y a opposition entre E. et O., c'est le premier qui domine. Automne, la moyenne de la saison est 10,07, le maximum en O.-N.-O. = 12,10 (= + 2,03), le minimum à N.-E. = 8,58 (= — 1,49), la différence est 3,52. Second maximum à E.-S.-E. = 10,00, deuxième minimum à S.-E.-S. = 9,17, il y a encore opposition entre O. et E., mais c'est le premier de ces points qui domine. Les pentes de l'Hiver sont plus régulières qu'à 6 h. du matin, le maximum a marché un peu vers le N., le minimum à l'E. ; au Printemps l'influence de l'E. domine celle de l'O., il y a opposition entre ces régions ; cet état continue pendant l'Été, mais en Automne l'O. reprend le maximum très-nettement.

Midi. — Hiver, la moyenne de la saison est 6,41, le maximum revient

à O. il est = 7,39 (= + 0,98), le minimum à N.-E.-N. = 5,32 (= —
1,09), différence des extrêmes : 2,07, second à S. =6,75, et deux minima
relatifs quant à celui-ci, l'un en S.-E.-S., l'autre en S.-O.-S., la région de
l'E. forme un palier de moyenne hauteur, S.-E. égale 8,74, qui se termine
à E.-N.-E. Ainsi en Hiver, l'influence du S. et de l'E. est manifeste à midi,
c'est son maximum pour cette saison. Printemps, moyenne de la saison
8,19, le maximum est à O. = 8,99 (= + 0,80), minimum en S. = 6,80
(= — 1,39), la différence est de 2,19, un second minimum est en N. =
7,13, la région du S.-E.-S. à E.-N.-E. forme un palier supérieur dont le
point culminant est en E.-S.-E. = 8,88, ce palier indique seulement l'influence de l'E. à midi, au Printemps, car nous avons vu que la direction
du vent a un maximum notable en N.-O. ; à ce même moment, l'O. domine donc, mais il y a une grande opposition à E. Été, la moyenne est
13,36, le maximum absolu est à E.-S.-E. = 14,45 (= + 1,09), minimum
absolu S.-O.-S. = 10,31, mais il n'y a que deux observations pour cette
direction S.-O.-S. ; S. et S.-E.-S. comprennent vingt observations dont la
moyenne est 12,89 que nous croyons devoir considérer comme second
minimum en S., le premier minimum est alors au point N. qui compte
vingt-six observations ; minimum absolu N. = 12,37 (= — 0,99), la
différence entre les extrêmes est de 2mm,08, un deuxième maximum est
à O. = 13,76, il y a opposition entre E. et O., E. a le maximum. Automne,
moyenne = 10,20, le maximum est à N.-O. = 11,12 (= + 0,92), second
maximum E.-S.-E. = 10,63 ; minimum absolu S.-O.-S. = 8,55 (= —
1,65), la différence entre les extrêmes absolus est de 2,57, deuxième minimum en N.-E.-N. = 8,62, O. a repris le dessus, mais il y a encore une
opposition très-marquée entre la région de l'O. et celle de l'E. L'influence
de l'E. s'accuse à midi, même pendant l'Hiver, elle atteint son maximum
en Été et diminue pendant l'Automne.

3 h. du Soir. — Hiver, moyenne de la saison = 6,40, le maximum est
à O. = 7,48 (= + 1,08), minimum à N.-O.-N. = 5,37 (= — 1,03), la
différence est 2,11, second maximum à E. = 6,25, minima relatifs à
E.-N.-E. = 5,78 et S.-E. = 5,89, une vallée sépare O. de E. et une pente
très-rapide descend de O. à N.-O.-N., O. a l'avantage, mais l'influence de
l'E. est sensible et S. domine légèrement le N. Printemps, moyenne générale 8,03, maximum E.-S.-E. = 9,21 (= + 1,18), second maximum en
O.-S.-O. = 8,96, minimum S.-E.-S. = 7,07 (= — 0,96), second minimum en S.-O. = 7,18, et troisième à N.-E.-N. = 7,26 : la différence entre les extrêmes absolus est 2mm,14 ; en S. il y a un maximum relatif —
8,16 et aussi un autre en N. = 7,96, E. et O. se font opposition, mais E.

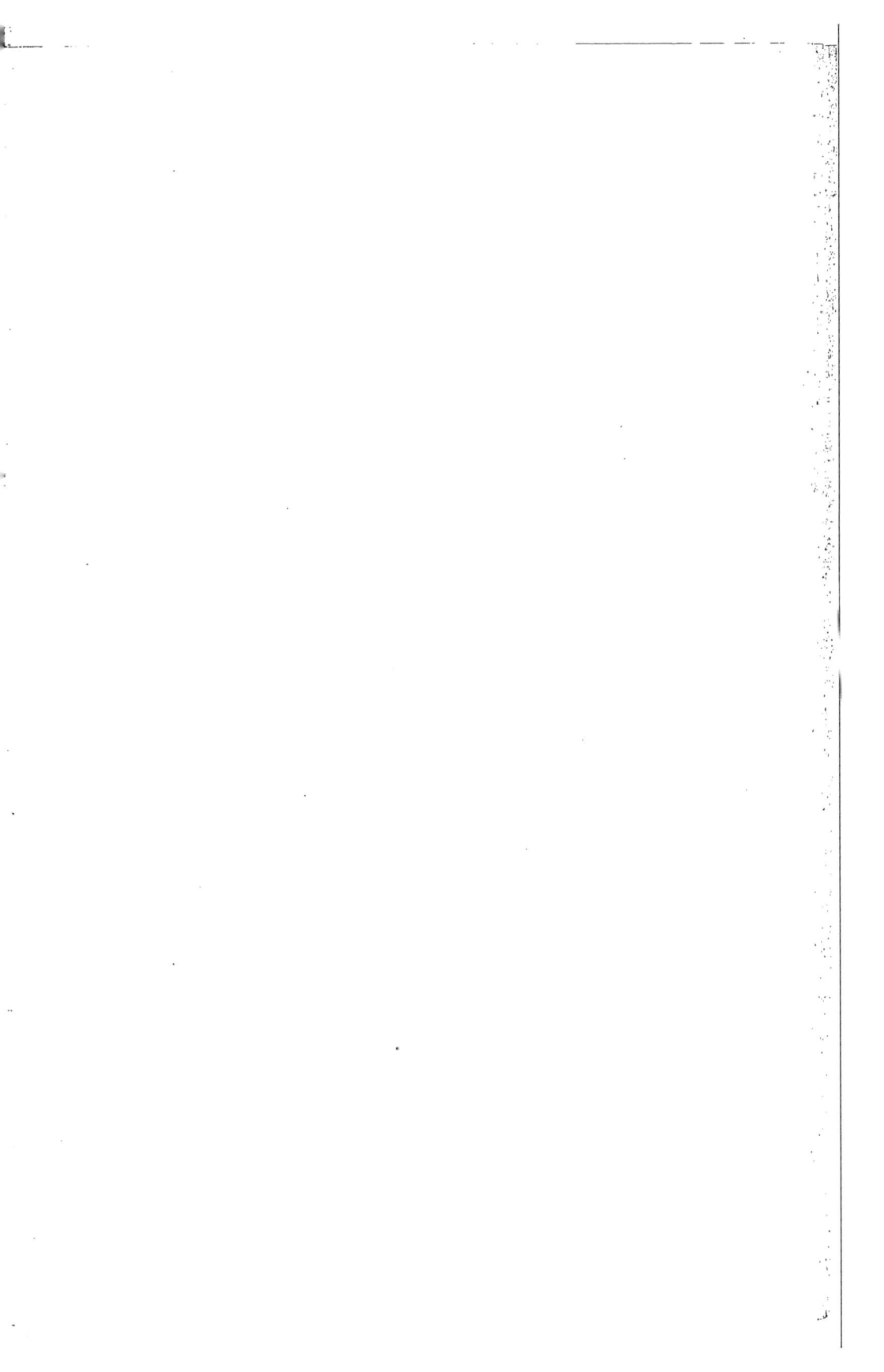

Tension de Vapeur d'Eau | 13,0

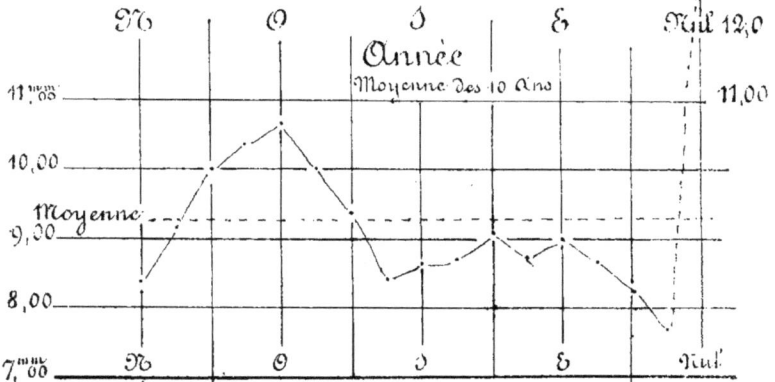

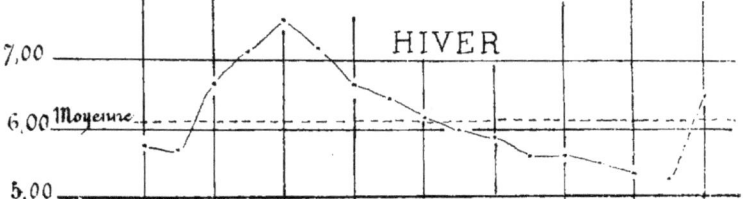

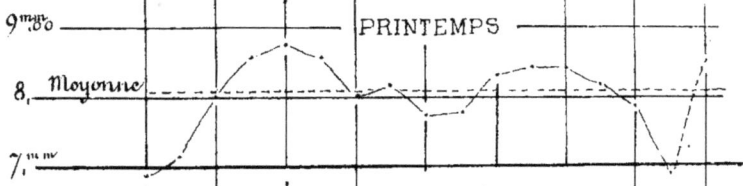

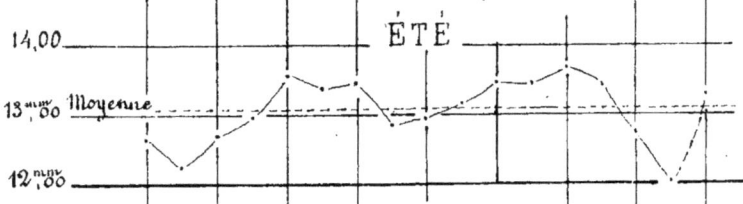

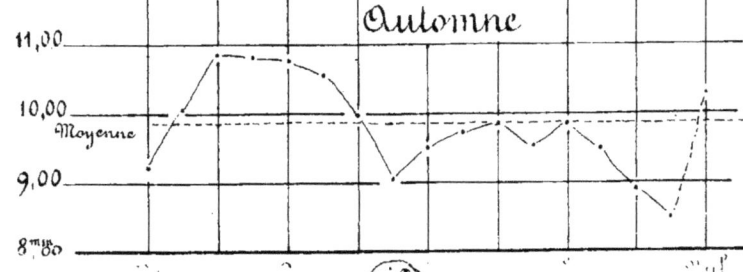

M   O   D   E   Juil 12,0

Année
Moyenne des 10 Ans

11 mm 00 _____ 11,00

10,00

Moyenne
9,00

8,00

7 mm 00   M   O   D   E   Juil

HIVER

7,00

6,00 Moyenne

5,00

9 mm 00

PRINTEMPS

8, Moyenne

7 mm

ÉTÉ

14,00

13 mm 00 Moyenne

12 mm 00

Automne

11,00

10,00
Moyenne

9,00

8 mm 00

Tension de la Vapeur d'Eau

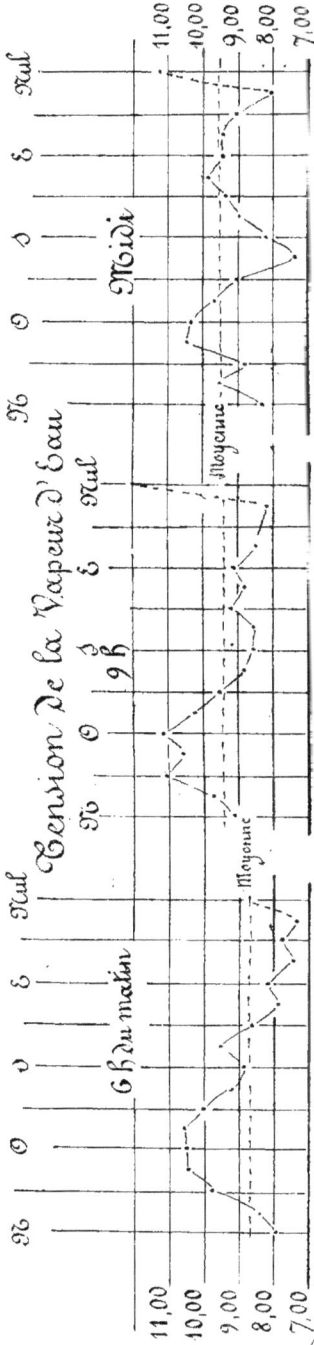

Heures du Jour

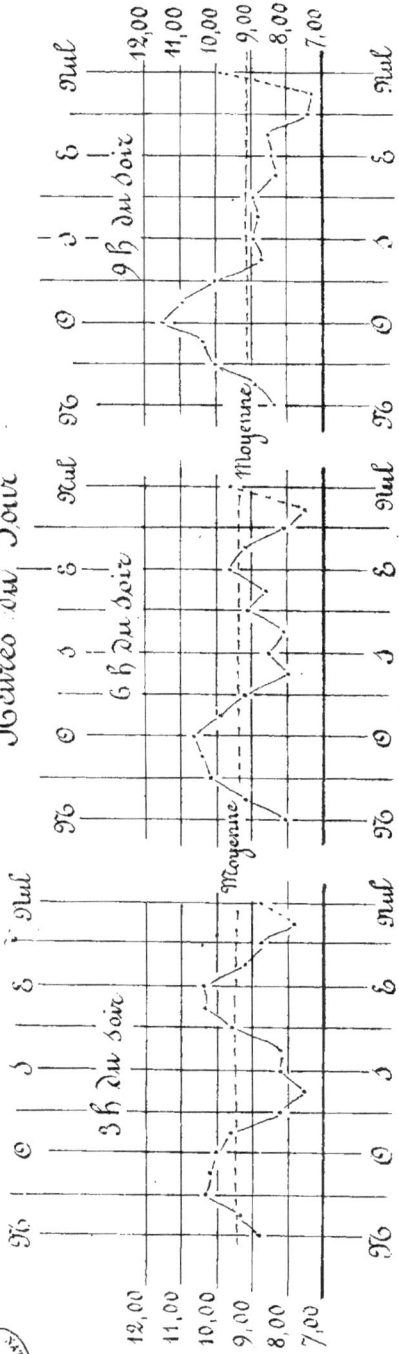

6 h du matin

9 h

Midi

3 h du soir

6 h du soir

9 h du soir

Moyenne

11,00
10,00
9,00
8,00
7,00

12,00
11,00
10,00
9,00
8,00
7,00

12,00
11,00
10,00
9,00
8,00
7,00

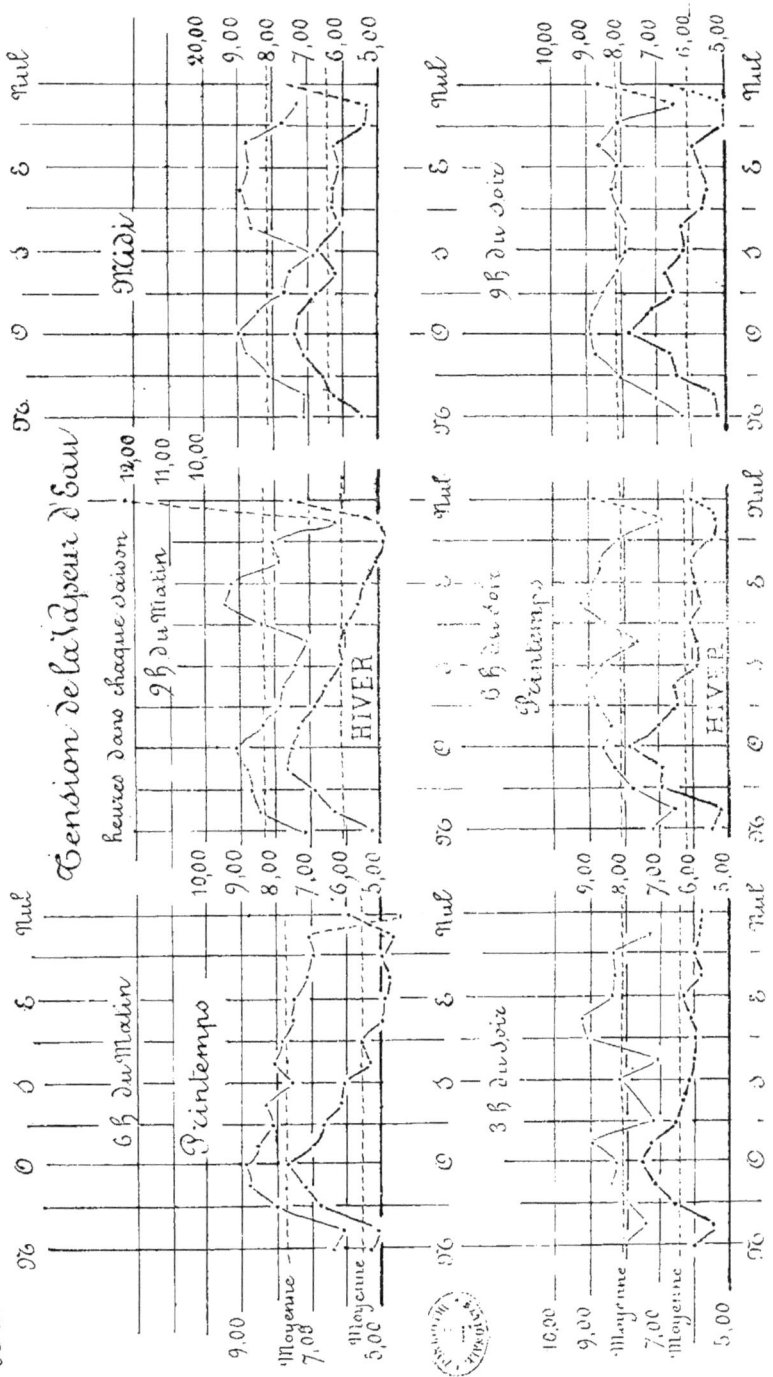

Tension de la vapeur d'eau

heures dans chaque saison

Midi

9 h du Soir

9 h du Matin

HIVER

Printemps

6 h du Matin

3 h du Soir

HIVER

Moyenne

Moyenne

Moyenne

Moyenne

12,00
11,00
10,00

20,00
9,00
8,00
7,00
6,00
5,00

10,00
9,00
8,00
7,00
6,00
5,00

10,00
9,00
8,00
7,00
6,00
5,00

9,00
8,00
7,00
5,00

10,00
9,00
8,00
7,00
6,00
5,00

Nul

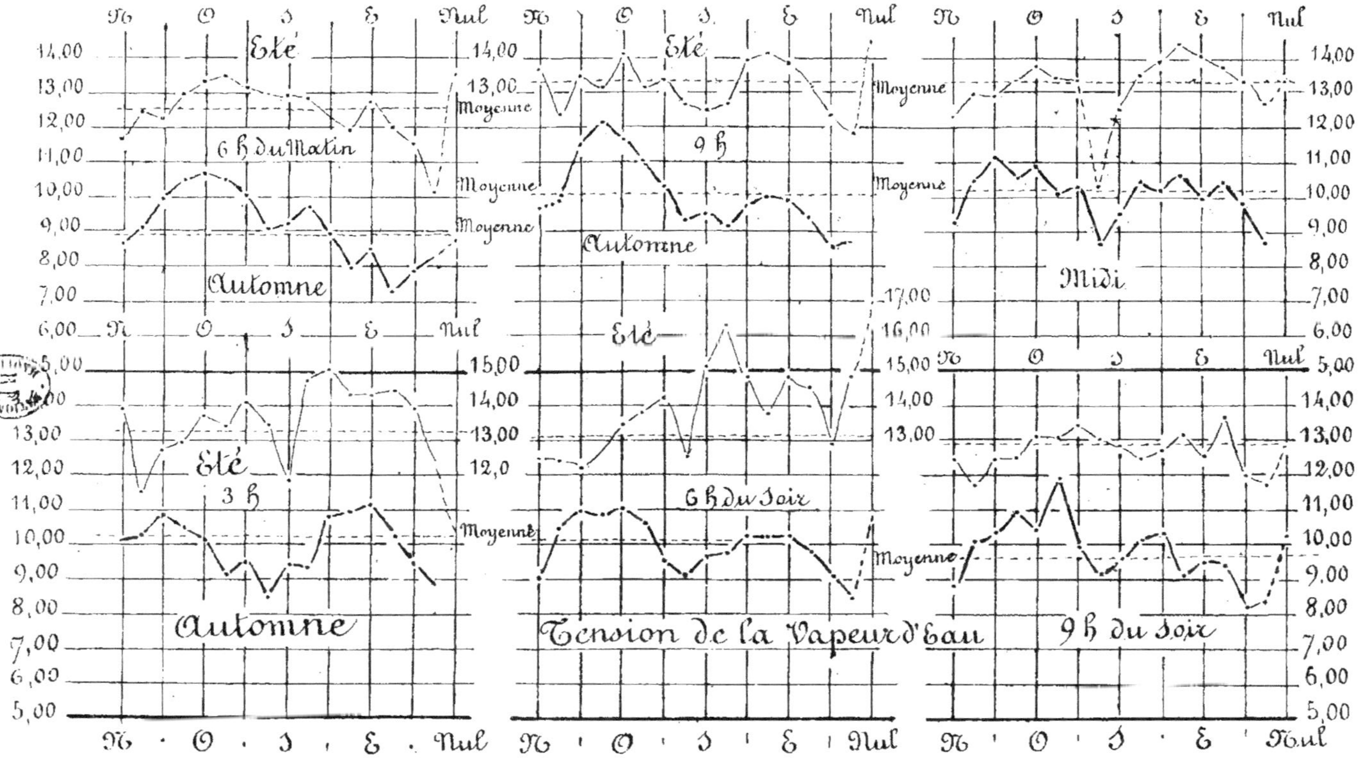

Tension de la Vapeur d'eau

Été — Automne — Midi — Moyenne — 9h — 6h du Matin — 6h du Soir — 9h du soir — 3h

14,00 13,00 12,00 11,00 10,00 9,00 8,00 7,00 6,00 5,00

15,00 14,00 13,00 12,00

17,00 16,00 15,00

Moyenne Nul

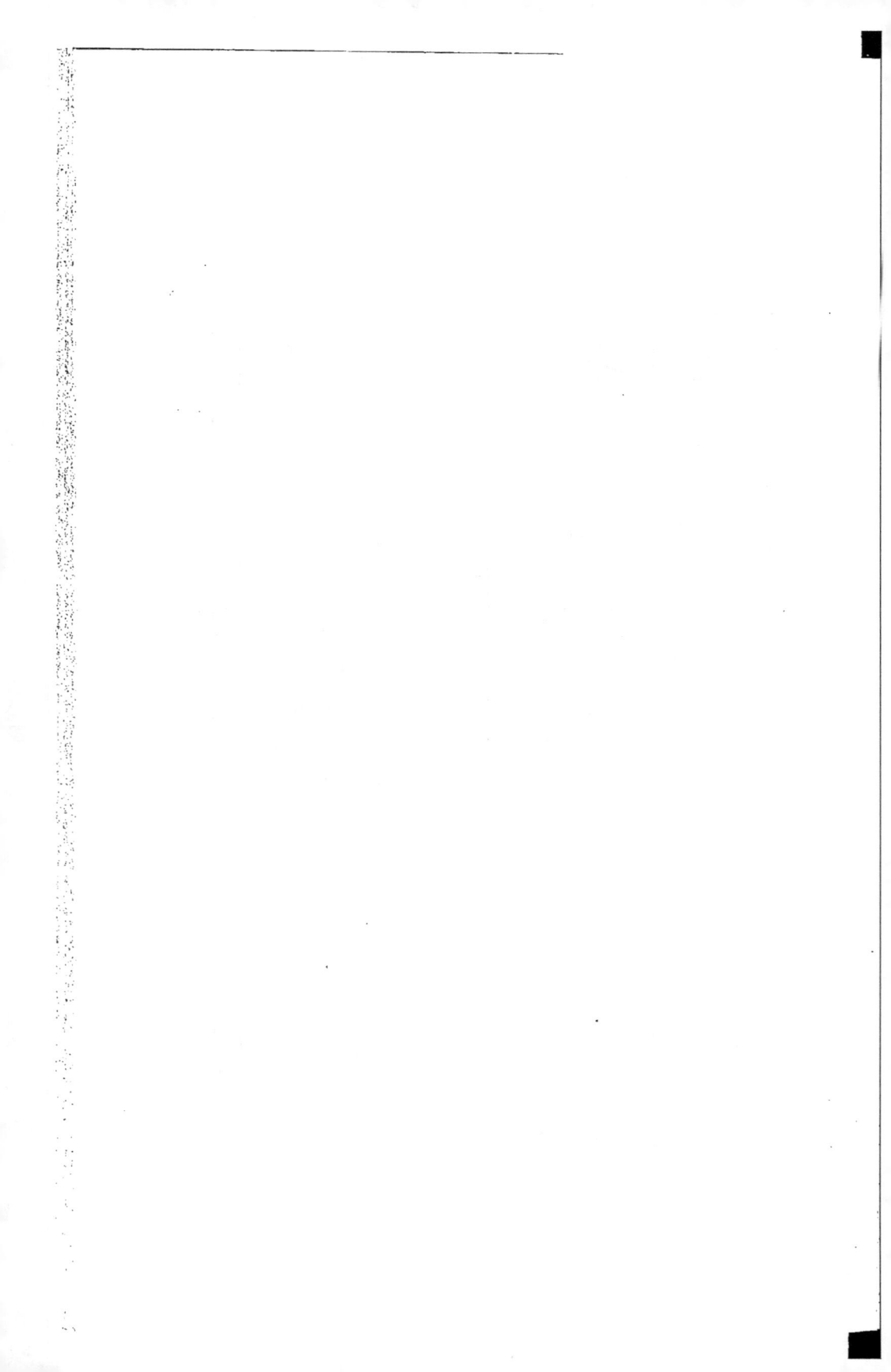

domine, il en est de même du S. au N., l'avantage général est pour S.-E. contre N.-O. Été, la moyenne de la saison = 13,23, maximum à S.-E. = 15,06 (= + 1,83), minimum N.-O.-N. = 11,49 (= — 1,74), différence 3,57 ; autre minimum en S. = 11,81 et aussi à N.-E.-N. = 12,42, à S.-O. il y a un maximum relatif = 14.09, ainsi qu'en N. = 13,91 ; E.-S.-E. a l'avantage contre O.-N.-O.

Automne. — Moyenne de la saison = 10,22, maximum absolu E. = 11,18 (= + 0,96), second maximum en N.-O. = 10,85, minimum absolu S.-O.-S. = 8,51 (= — 1,71), différence des extrêmes absolus = 2,67, autre minimum à N.-E.-N. = 8,82 ; E.-S.-E. a encore l'avantage, mais le second maximum s'est porté à N.-O. et N. domine le Sud. L'influence de l'E. est moindre à 3 h. du soir qu'à midi pendant l'Hiver, mais elle est plus grande qu'à midi dans les autres saisons. Au Printemps, le maximum de O. est en S.-O.-S. et se porte à S.-O. dans l'Été, puis revient à N.-O. pendant l'Automne.

6 h. du Soir. — Hiver, la moyenne de la saison est 6,23, le maximum est à O. = 7,80 (= + 1,57), minimum N.-O.-N. = 5,21 (= — 1,02), différence 2,59, second maximum E.-N.-E. = 6,05, O. domine. S. a l'avantage sur N. Printemps, moyenne de la saison = 8,09, maximum absolu E.-S.-E. = 9,25 (= + 1,16), minimum absolu N.-O.-N. = 6,56 (= — 1,53), différence = 2,69 ; autre maximum à S.-O.-S. = 9,02, minimum relatif à S.-E.-S. = 7,58 et un autre à N.-E.-N. = 6,88 ; il y a opposition faible entre E. et O., assez sensible de S. à N. ; c'est le S. qui a l'avantage. Été, la moyenne de la saison est 13,14, maximum S.-E.-S. = 16,33 (= + 3,19), minimum N.-O. = 12,27 (+ — 0,87), la courbe forme une ligne très-accidentée dont l'aspect général donne l'avantage à la région S.-E.-S. contre celle du N.-O.-N. Automne, moyenne de la saison 10,16, maximum absolu O. = 11,06 (= + 0,90), minimum N.-E.-N. = 8,49 (= — 1,67), différence 2,57, second maximum en E. = 10,25 qui règne jusqu'à S.-E. formant un palier inférieur à celui qui accompagne le maximum absolu de O., celui-ci allant jusqu'en N.-O ; deuxième minimum à S.-O.-S. = 9,15, il y a opposition entre O.-N.-O. qui domine et E.-S.-E. A 6 h. du soir O. domine tous les autres points pendant l'Hiver, au Printemps le maximum passe à E., revient à S. pendant l'Été, retourne à O.-N.-O. en Automne et dans cette saison il y a opposition entre la région O.-N.-O. et celle de l'E.-S.-E.

9 h. du Soir. — Hiver, moyenne de la saison 6,01, maximum absolu O. = 7,79 (= + 1,78), minimum N.-E. = 5,05 (= — 0,96), différence = 2,74, un minimum relatif est en S.-E. = 5,61 et E.-S.-E. = 5,56, O.

domine les autres points. S. est supérieur à N. Printemps, moyenne $=$ 8,18, le maximum est de O.-N.-O à O.-S.-O. par O. qui égale 8,86 ($= +$ 0,68), minimum à N. $= 6,25$ ($= - 1,93$), différence $= 2,61$, un second maximum est en E.-N.-E. $= 8,62$, un deuxième minimum en S.-E.-S. $= 7,90$. O. a l'avantage général, mais il y a opposition entre O. et E., puis S. et N. ; c'est la région du S. qui domine. Été, moyenne de la saison 12,90, maximum absolu E.-N.-E. $= 13,68$ ($= + 0,78$), minimum absolu en N.-E.-N. et N.-O.-N. A ces deux points, il est 11,74 ($= - 1,16$), différence 1,94, second maximum en S.-O. $= 13,44$ séparé du premier par le minimum relatif de S.-E.-S. $= 12,52$, la région de l'E. a l'avantage sur celle de l'O. ; S. domine N. Automne, moyenne de la saison 9,62, maximum absolu O.-S.-O. $= 11,91$ ($= + 2,29$), minimum absolu N.-E. $= 8,23$ ($= - 1,39$), différence 3,68 ; un minimum relatif est en S.-O.-S. $= 9,19$; un maximum relatif aussi se produit à S.-E. $= 10,30$. La région de l'O. domine. Ainsi, à 9 h. du soir, l'O. domine en Hiver et au Printemps mais l'influence de l'E., faible en Hiver, est au contraire forte dans la seconde saison ; l'Été, c'est la région de l'E. qui a l'avantage sur celle de l'O., et pour l'Hiver, le Printemps, l'Été, S. domine N. ; en Automne la région de l'O. reprend le maximum qui est un peu plus vers le S. qu'en Hiver.

Résumé. — Le maximum général de l'année est à O., le minimum à N.-E.-N., ce maximum de la région O. forme un imposant sommet qui domine tout le plateau moyen de la région E., plateau bien marqué par le minimum de la région S., il y a opposition entre O. et E., les minima sont à Nord et Sud.

L'Été donne le maximum, l'Hiver le minimum ; l'Automne, la tension de la vapeur d'eau est plus élevée que pendant le Printemps ; en Hiver l'O. domine ; au Printemps, l'Été, l'Automne il y a lutte entre O. et E. ; le maximum, faible à O. pendant le Printemps, passe à E. en Été, puis retourne fortement à O. en Automne ; enfin, le S. domine le N. au Printemps et pendant l'Été. Il y a influence de la saison, cette influence est en faveur de la région de l'E. et aussi de celle du S. pour le Printemps, l'Été et l'Automne.

A 6 h. du matin, c'est l'influence de l'O. qui domine celle de tous les autres points, surtout l'Hiver, car cette influence domine au Printemps et l'Été, puis s'accentue de nouveau l'Automne, mais dans ces trois saisons, il y a même à 6 h. du matin opposition en E. A 9 h., l'Hiver le maximum a marché vers le N., la courbe n'est plus déprimée en E., le Printemps et l'Été ont le maximum en E., la traduction graphique nous indique en Automne un retour très-marqué à l'O.-N.-O. Le maximum de ce mouvement est à midi en Hiver, à 3 h. dans les autres saisons ; à 6 h. du soir, l'opposition produite en E. se montre encore ; en Hiver, le maximum est en E. ; au Printemps dans la region du S.-E. et de l'E. pendant l'Été, mais non plus en Automne qui a le maximum en O. quoiqu'il y ait une opposition très-forte en E. à 9 h. du soir, nous n'avons plus le maximum à E. qu'en Été, cette direction de l'E. a plus de hauteur au Printemps qu'en Automne. D'où il résulte que la marche de la tension de la vapeur d'eau suit généralement la saison et l'heure du jour ; que ces deux influences sont en faveur de la région de l'E.

Les différences des valeurs extrêmes observées pendant ces dix années pour le Baromètre, la Température de l'air et la Tension de la vapeur d'eau sont à :

	6 h.	9. h.	Midi	3 h.	6 h.	9. h.
Baromètre.......	$41^{mm},37$	41,49	42,00	42,94	43,79	40,28
Température.....	$37°,9$	38,9	41,6	42,0	41,7	36,0
Tension.	$17^{mm},35$	19,93	20,44	20,72	19,87	18,13

Pour le Baromètre, le max. est à 6 h. du soir, le min. à 9 h. soir.
— la Température, — 3 h. — — 9 h. soir.
— la Tension — 3 h. — — 6 h. matin.

Les trois derniers tableaux donnent ces différences, chaque mois et chaque saison pour les seize directions du vent ; le Baromètre a le maximum de la différence annuelle au N.-O. $= 42^{mm}$, le minimum à S.-E.-S. $= 29^{mm}$.

	HIVER	PRINTEMPS
Maximum	E. $= 39^{mm}$	S.-E. $= 39$
Minimum	O.-N.-O. $= 27$	S.-O.-S. $= 25$

	ÉTÉ	AUTOMNE
Maximum N.-O. et O.-N.-O. $= 18$	S. et S.-O. $= 29$
Minimum S. $= 13$	S.-E.-S. $= 24$

La Température a le maximum annuel de la différence des extrêmes au vent venant du N. et du N.-E. $= 41°$, le minimum au S.-E.-S. $= 30°$.

	HIVER	PRINTEMPS	ÉTÉ	AUTOMNE
Max.	S.-O. $= 28°$,	N.-E. $= 32°$.	E.-S.-E. $= 23°$,	E. $= 34°$.
Min.	O.-N.-O. $= 17°$,	O.-N.-O. $= 22°$,	S.-O.-S. $= 11°$,	O.-N.-O. $= 21°$.

Pour la Tension, maximum annuel à N. et S.-E. $= 19^{mm},9$, minimum S.-O. S. $= 14,4$ et N.-O.-N. $= 14,5$.

	HIVER	PRINTEMPS	ÉTÉ	AUTOMNE.
Max.	N.-E. $= 10^{mm},8$,	N.-E. $= 18,7$,	N. $= 17,7$,	E. $= 16,0$.
Min.	N.-E.-N. $= 5^{mm},4$,	N.-E.-N. $= 8,4$,	S. $= 7,8$,	S.-O.S. $= 11,7$.

Humidité relative de l'Air

(Traduction graphique n° 27)

La moyenne générale est!pour les dix années de 74,9 ; le maximum absolu est à la direction du vent venant de O.-S.-O. : 79 ; un second maximum est à E.-S.-E. : 78. S., E.-N.-E., N.-E., N.-O.-N. et N.-O. donnent 72, et le point du N. $= 78$. La région de l'O. domine celle de l'E., mais ces deux régions se font opposition (courbe n° 27).

L'Hiver le maximum est en E. : 83, le minimum à S.-O.-S. : 68 ; la moyenne de la saison est de 77, le point du N. a aussi 83 ; en O. se trouve un maximum relatif : 80 ; le Printemps présente le maximum absolu à O.-S.-O. : 78, le minimum à E.-N.-E. : 61 ; la moyenne de la saison : 70 ; un second maximum est à E.-S.-E. : 73. Ce dernier est rendu sensible par le minimum relatif du S.-E.-S. : 65. En Été, le maximum absolu est très-accusé en S.-O.-S. : 86 ; il domine tous les autres points, le minimum est à N.-E. : 63 ; la moyenne de la saison est de 72. Automne, moyenne de la saison : 77, O. : 81 : E. a la même valeur, ainsi que N. ; le minimum absolu est à S. : 72 ; deux autres minimum sont à N.-O. et E.-N.-E. : 75.

Ainsi l'Hiver, E. domine O. et le minimum est dans la région du S. ; au Printemps c'est la région de l'O. qui a l'avantage sur celle de l'E., le maximum s'accentue l'Été en se portant vers le S. et l'Automne, O. égale E. et N. domine S.

Heures du jour à 6 h. du matin. (Courbe n° 28.) — E. domine O., un minimum très-accentué est en S. ; à 9 h. un maximum est à E.-S.-E., mais il est isolé tandis que celui de O. de même valeur tient de O.-N.-O. à O.-S.-O., de plus, le point du N. les égale ; le minimum absolu est

toujours en S. et N.-E., N.-E.-N., N.-O.-N. forment des minima relatifs. Midi, maximum O.-S.-O., minimum toujours à S., second maximum
dans la région de l'E. 3 h. du soir, maximum à O.-S.-O., minimum à
S.-E.-S. ; dans la région de l'E. I n'y a qu'un maximum relatif. 6 h. du
soir, le maximum est à O.-S.-O et S.-O., le minimum toujours à S., en
S.-E. il y a un maximum relatif. A 9 h. du soir, le maximum est à O., le
minimum est de S.-O.-S. à S.-E.-S., un maximum relatif est en S.-E.

De l'E., à 6 h. du matin, le maximum s'est porté à O. par N. pour 9 h.
du matin ; à midi, il se trouve en C.-S.-O. où il est encore à 3 h., mais il
se porte à S.-O. pour 6 h., il retourne à O. à 9 h. du soir ; le minimum
en S. jusqu'à midi, est en S.-E.-S. à 3 h. et revient à S. depuis 6. h.
du soir.

Heures par Saisons (traduction graphique nos 29 et 30). — 6 h. du
matin, en Hiver, maximum dans la région de l'E. et du N., minimum à
S.-O.-S. ; au Printemps, maximum O.-S.-O., minimum à S. et E.-N.-E.,
second maximum à S.-E. ; Été maximum à S. = 93, minimum à N.-E.-N.
= 79, ce minimum est isolé ; la moyenne de l'Été à 6 h. du matin = 89,
c'est la ligne qui montre le moins de sinuosités ; Automne, maximum à
O. : 96, minimum à S. : 77, moyenne générale : 89, un second maximum
est dans la région de l'E. : 93.

9 h. du Matin. — L'Hiver, le maximum est à N. : 89, minimum en
S.-O.-S. et S. : 74, moyenne générale : 82, autre maximum en N.-E. :
82 ; Printemps, maximum O.-N.-O. et O. : 77, minimum à S. : 60, moyenne de la saison : 70, maximum relatif en S.-E. : 68 ; Été, maximum en
S.-O. : 76 ; minimum à N.-E.-N. : 63, moyenne générale : 71, autre minimum N.-O.-N. : 69 ; Automne, maximum à N.-O.-O. : 83, minimum
S.-O.-S. : 72, moyenne de la saison : 77, second maximum à E.-S.-E. : 82.

Midi. — Hiver, le maximum est en N.-O.-N. : 75, minimum absolu à
S.-O.-S. : 51, moyenne générale : 68, second maximum en N.-E. : 74.
O. domine E., au Printemps le maximum est à O.-S.-O. : 67, le minimum
en S. : 48, moyenne de la saison : 59 ; Été, le maximum absolu est à
S.-O.-S. : 92, c'est un point isolé qui est une véritable anomalie. le maximum réel est à O. et O.-S.-O. : 68, le minimum en E.-S.-E. : 52,
moyenne de la saison : 61 ; Automne, le maximum est dans la région
de l'O. : 71, le minimum en S. : 54, moyenne générale : 65, second maximum en N.-E. : 77, c'est un point isolé.

3 h. du Soir. — Hiver, le maximum absolu est en O. et O.-S.-O. : 73,
le minimum en S. : 51, moyenne de la saison : 66, il y a des maxima
relatifs en S.-E. et E. : 67 ; au Printemps, la moyenne générale est de :

58, le maximum absolu est en O. : 67, le minimum en S. et E.-S.-E. : 41, un maximum relatif est à E.-S.-E. : 53 ; l'Été le maximum est en S. : 76, le minimum à N.-E. : 47, la moyenne de la saison est : 58 ; O. domine sensiblement E. ; Automne, moyenne générale : 65, le maximum est à la direction du vent du O.-S.-O. : 77, le minimum à E.-S.-E. : 59, S. est dominé par N.

6 h. du Soir. — Hiver, le maximum absolu est au N.-O. : 85, le minimum à S. : 68, en E., second maximum : 83, la moyenne de la saison est de 79 ; le Printemps c'est en O. et O.-S.-O. que se place le maximum absolu : 77, le minimum absolu est à E.-S.-E. et E. : 55, la moyenne générale : 70 ; S. forme un second minimum qui donne un maximum relatif, à S.-E. Été, maximum absolu à S.-E.-S. : 93, ce point qui est isolé semble être une anomalie, le maximum est dans la région du S.-O., il n'aurait que 79 comme valeur, le minimum est à N.-E. : 55, la moyenne de la saison est de 70, S. est moindre que N. ; l'Automne, le maximum est en S.-O. : 86, le minimum à N.-O. et S.-O.-S. : 74, la moyenne générale : 81.

9 h. du Soir. — L'Hiver, le maximum est au N.-O. : 90, le minimum à S. : 73, la moyenne de la saison : 84, un second maximum est en E. et N.-E. : 87 ; le Printemps, le maximum est à O.-S.-O. : 87, le minimum en E.-N.-E. et N.-E. : 74, la moyenne de la saison est de : 82 ; l'Été, le maximum est en E.-S.-E. : 92, le minimum au N.-E. : 78, la moyenne générale : 87, O. est plus grand que E. ; l'Automne a le maximum à O.-N.-O. : 92, le minimum en S.-O.-S. : 82, la moyenne de la saison est de 87, comme en Été, un second maximum est en E., il y a retour à l'état que nous avons en Hiver.

Résumé des heures par Saison. — A 6 h. du matin, le maximum est dans la région de l'E. et du N.-E. pendant l'Hiver, en S. l'Été, dans la région de l'O. au Printemps et l'Automne ; le minimum en S. le Printemps et l'Automne, est au S.-O.-S. l'Hiver et à N.-E.-N. l'Été. A 9 h. du matin, le maximum est au N. l'Hiver, au S.-O. l'Été, à O. au Printemps et l'Automne ; le minimum est dans la région du S. l'Hiver, le Printemps, l'Automne, et à N.-E.-N. l'Été.

Midi. — Le maximum d'ensemble est dans la région du N.-O. pour toutes les saisons, c'est au Printemps que se manifeste le maximum de cette influence ; l'Hiver en donne le minimum, l'Automne tient la place moyenne. A 3 h. du soir, le maximum est en O. l'Hiver et le Printemps ; en S. l'Été, et O.-S.-O. l'Automne ; le minimum en S. en Hiver et au Printemps est en N.-E. l'Été, et dans toute la région de l'E. pendant l'Automne ; c'est l'Hiver seulement qu'il y a opposition bien accentuée entre l'O. et l'E. à 3 h. du soir. Le maximum est en O. pendant l'Hiver à 6 h. du soir ainsi qu'au Printemps et l'Automne ; il est à S.-O. l'Été, le minimum en S. l'Hiver et le Printemps, se porte à N.-E. l'Été, et revient à S.-O.-S. l'Automne. Il y a opposition très-marquée entre O. et E. l'Hiver ; elle est sensible aussi l'Automne. A 9 h. du soir, le maximum est au N.-O. l'Hiver, en O.-S.-O. au Printemps, à l'E.-S.-E. l'Été, et O.-N.-O. l'Automne ; le minimum à S. l'Hiver et l'Automne, au N.-E. le Printemps et l'Été ; il y a opposition entre l'O. et l'E., l'Hiver et l'Automne.

L'ensemble de l'année nous donne le maximum absolu de l'humidité relative de l'air au vent venant de O.-S.-O., un autre maximum de S.-E. à E. et un aussi au N., ces maxima sont formés par autant de minima qui se produisent en N.-O., S. et N.-E. ; il y a donc lutte entre l'O. et l'E., le Nord et le Sud.

En Hiver, le maximum d'humidité est au vent d'E. ; celui de l'O. ne vient qu'après le vent du N. ; le minimum très-accentué est dans la région du S ; le Printemps présente le maximum à O.-S.-O., E.-S.-E. ne vient qu'ensuite, le vent le plus sec est E.-N.-E. ; l'Été le maximum est à S.-O.-S., le minimum à N.-E. ; l'Automne, c'est la région du S.-E. qui domine, mais de peu celle de O.-S.-O., et le minimum absolu est à S. La lutte entre l'E. et l'O., très-accentuée l'Hiver, s'atténue au Printemps, puis n'existe pas l'Été, mais s'accuse de nouveau en Automne.

Le maximum d'humidité relative est au vent de la région de l'E. seulement à 6 h. du matin et l'Hiver ; il est dans celle de l'O. pendant l'Hiver, le Printemps et l'Automne pour toutes les heures, mais l'Été, il est en S.-O. et S. il oscille d'une heure à l'autre ; le vent le plus sec vient en Hiver à toutes les heures de la région du S., au Printemps jusqu'à 9 h. du matin il en est de même ; mais le minimum d'humidité se porte ensuite vers le N. jusqu'à 9 h. du soir, dernière heure de nos observations. L'Automne le vent le plus sec vient de la région du S. à toutes les heures, mais à 3 h. du soir, il s'étend à toute la région du S., au Nord par E.

Nous retrouvons ici encore pour l'humidité relative de l'air une indication très-nette de l'influence de la marche des saisons et de celle des heures du jour.

État du Ciel et Pluie (traduction graphique n° 31). — Le maximum de nébulosité du ciel est pour l'ensemble de l'année à la direction du vent venant de O.-S.-O. = 7,7 ; le minimum est à E.-N.-E. : 4,7 ; la pluie présente la même marche.

L'Hiver, le maximum de nébulosité est à O. et O.-S.-O. : 8,2, le minimum à E.-N.-E. : 5,5 ; pour la pluie, le maximum est en O.-S.-O. et le minimum également à E.-N.-E. ; le Printemps donne le maximum du ciel nuageux à la direction de l'O., le minimum à E.-N.-E. ; la pluie donne le maximum absolu à O.-S.-O, le minimum absolu à E.-N.-E, ; un maximum relatif à S.-E.-S, et un minimum relatif aussi à S.-O.-S. ; l'Été, le maximum de nébulosité est à O.-S.-O. le minimum en E.-N.-E. ; pour la pluie, le maximum est à S.-O -S. et S., le minimum à E.-N.-E., un second maximum est en N. et un minimum en N.-O.-N. Le maximum de la pluie comparé à celui de l'état du ciel se porte par conséquent au Printemps et l'Été vers le Sud, et de plus il y a un maximum relatif de pluie au point N. ; l'Automne, le maximum ciel et pluie est à O.-S.-O., le minimum à E.-N.-E.

L'ensemble général donne le maximum de nébulosité du ciel pour 6 h. du matin à la direction du vent venant de la région de l'O. le minimum à celle de l'E., la pluie présente le même aspect (traduction graphique n° 32), mais le maximum est au seul point de O.-N.-O. Nous ne croyons pas pouvoir insister sur les légères différences qui se produisent parce que la pluie est le total de ce qui est tombé d'eau depuis la précédente observation, tandis que l'état du ciel est pris au moment même de l'heure considérée. A 9 h. le maximum nuageux est dans la région O.-S.-O., le minimum est à E.-N.-E. ; il en est de même pour la pluie ; midi, pour les deux faits que nous discutons, le maximum est à S.-O.-S., le minimum à E. ; à 3 h. du soir le maximum de la nébulosité est dans la région S.-O.-S., le minimum à E.-N.-E., le maximum de la pluie est à O.-S.-O. ; le minimum en N.-E. ; 6 h. du soir, maximum nébulosité à O.-S.-O., le minimum absolu est à E.-N.-E., second maximum à N.-E.-N. et minimum relatif à N.-O., la courbe de la pluie présente les mêmes ondulations ; 9 h. du soir, le maximum est à O., le minimum à E.-N.-E. pour les deux phénomènes.

La nébulosité du ciel présente à 6 h. du matin dans les diverses saisons le maximum dans la région de l'O., le minimum dans celle de l'E. ; à 9 h. l'Hiver, le maximum est en S.-O. et N. ; le minimum dans la région de l'E. ; au Printemps, le maximum se porte à O.-N.-O., le minimum à E.-N.-E. ; il en est de même l'Été ; l'Automne, il y a retour du maximum vers le S. ; midi, maximum à N.-O.-N. et de O. à S.-E.-S., minimum en E. et N.-O. Autre maximum en N.-E., l'Hiver ; le Printemps présente une marche moins accidentée, le maximum est dans la région de l'O., le minimum à N.-E. ; l'Été le maximum absolu est à S.-O.-S. mais il n'y a que peu d'observations et le maximum réel est de N.-O. à S., le minimum à

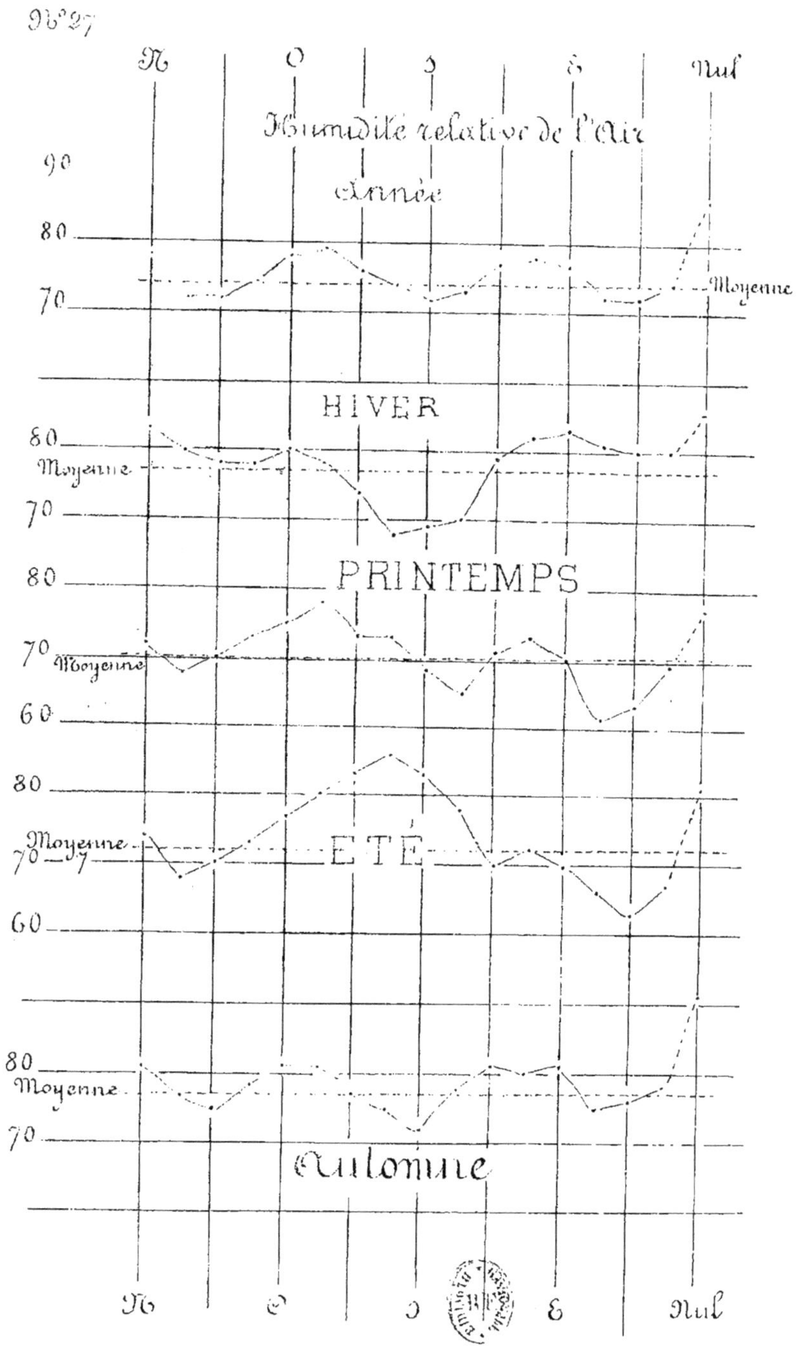

N° 27

Humidité relative de l'Air
année

N   O   S   E   Nul

90
80
70   Moyenne

HIVER

80
Moyenne
70

PRINTEMPS

80
70 Moyenne
60

80
Moyenne
70
60

ETÉ

80
Moyenne
70

Automne

N   O   S   E   Nul

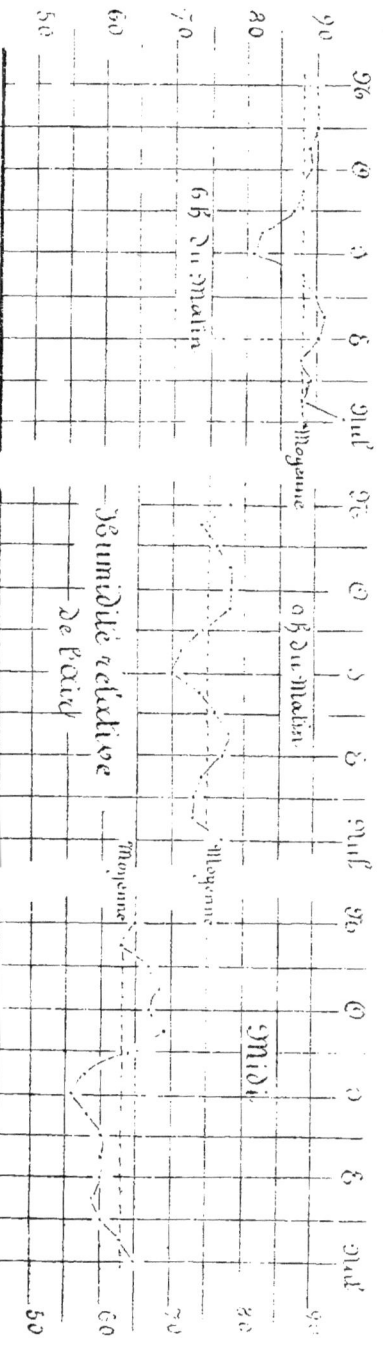

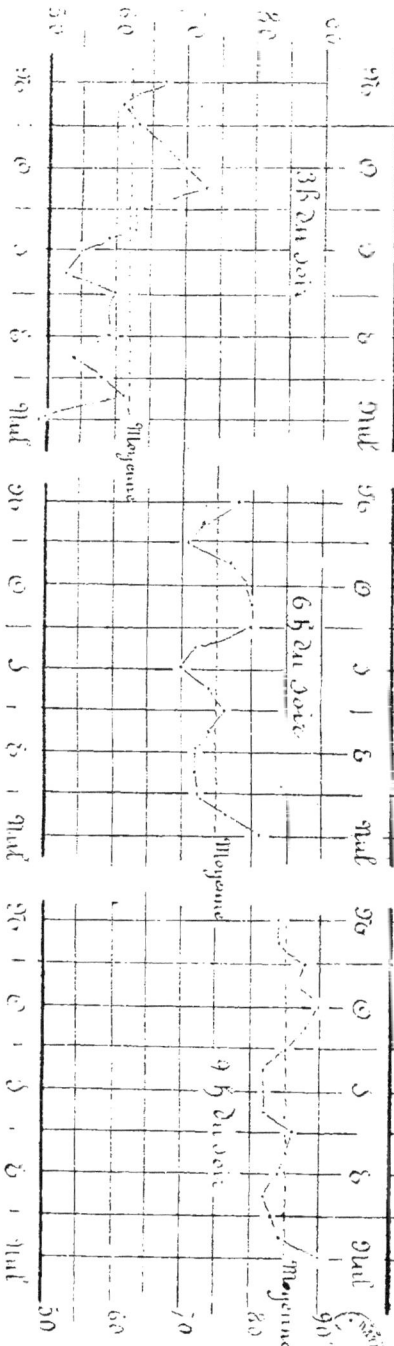

Humidité relative
de l'air

6 h du Matin

Midi

3 h du Soir

9 h du Soir

Moyenne

Moyenne

Moyenne

Moyenne

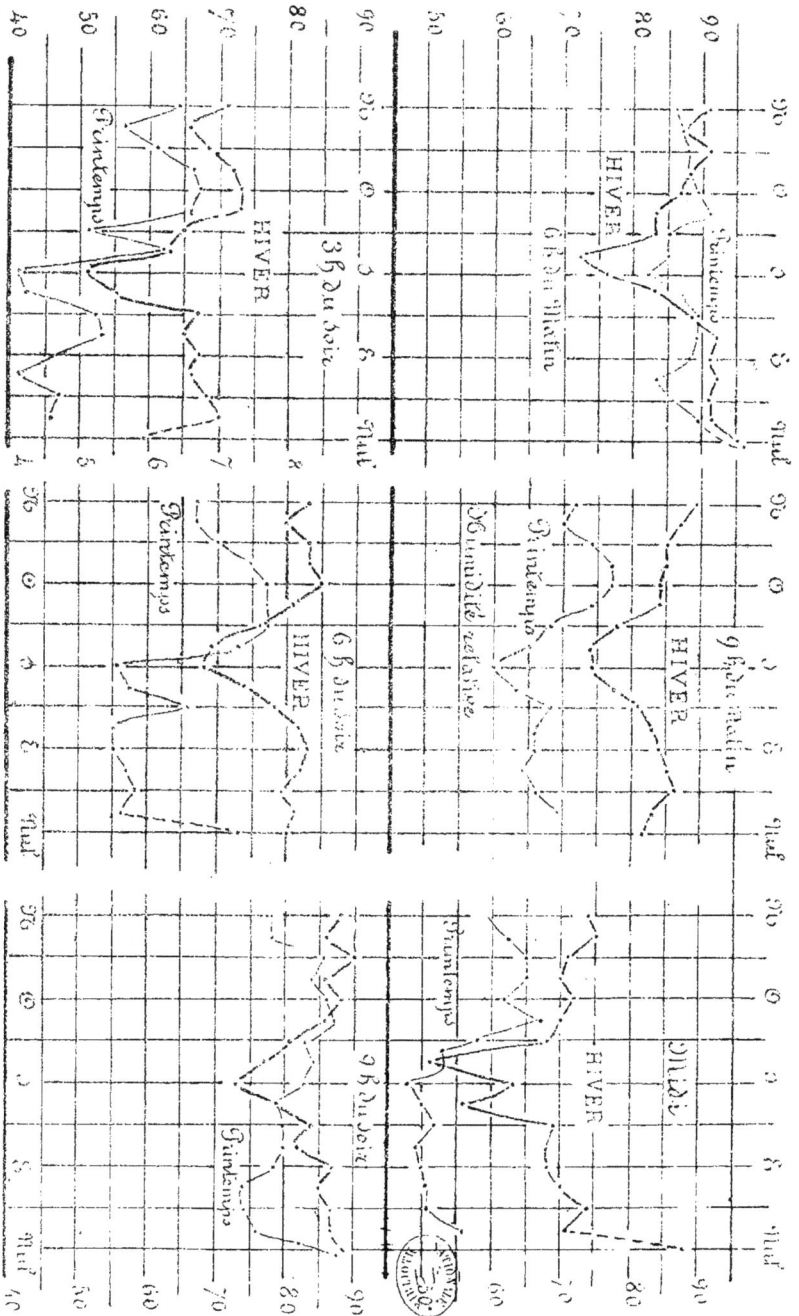

HIVER

Printemps

6 h. du matin

9 h. du matin

Humidité relative

3 h. du soir

6 h. du soir

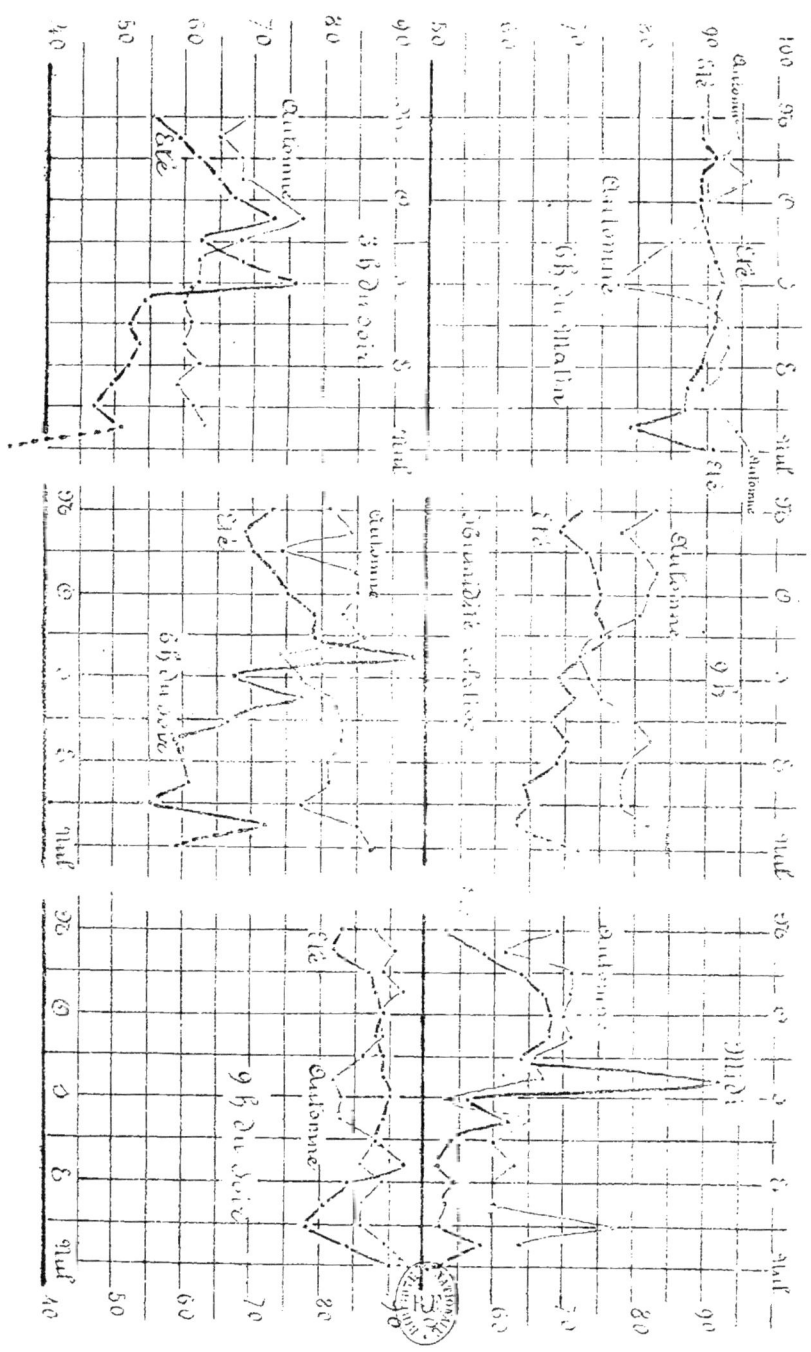

Automne

Été

Automne

6h du matin

Été

Automne

3h du soir

Été

Été

Automne

Humidité relative

Été

Automne

6h du soir

Été

Automne

9h du soir

Automne

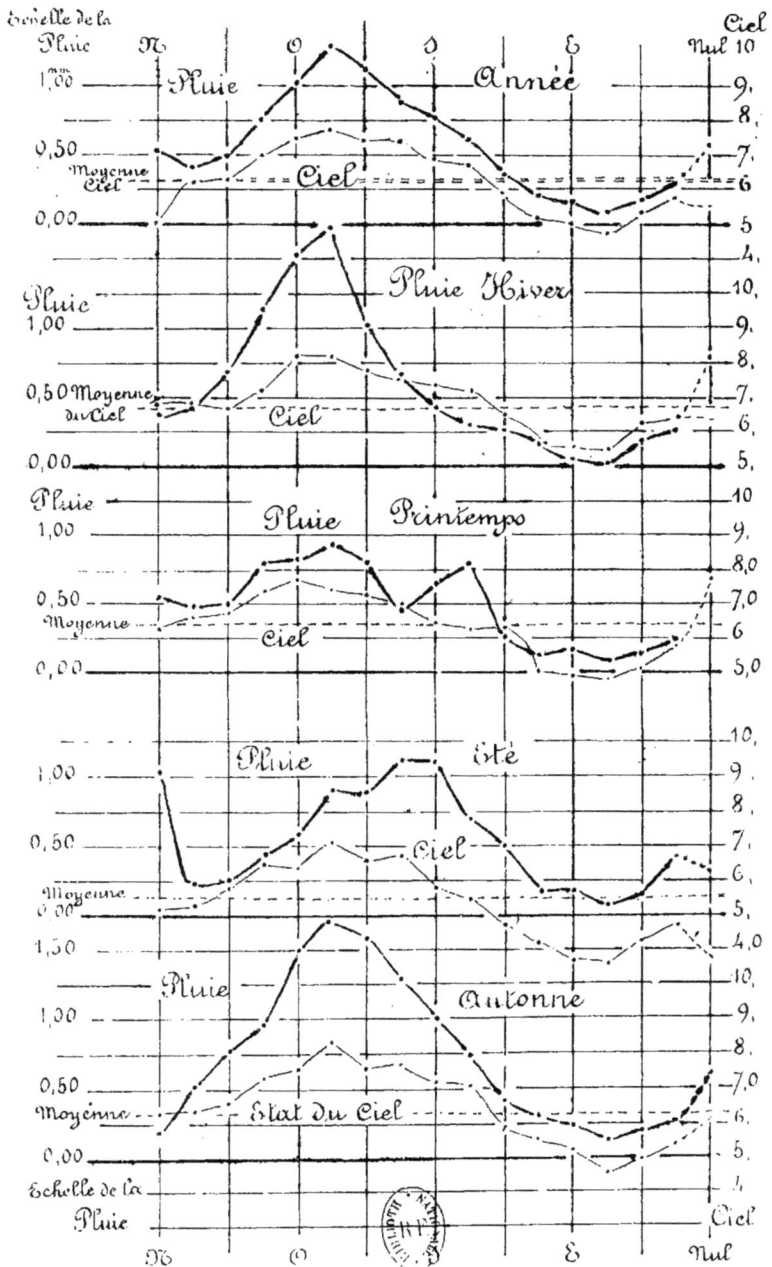

No. 31

Échelle de la Pluie

Ciel Nul 10

π O δ ε

Pluie Année

1,00

0,50

Moyenne Ciel

Ciel

0,00

9,
8,
7,
6,
5,
4,

Pluie
1,00

Moyenne du Ciel

Ciel

Pluie Hiver

0,50

0,00

10,
9,
8,
7,
6,
5,

Pluie
1,00

Pluie Printemps

0,50

Moyenne

Ciel

0,00

10
9,
8,0
7,0
6
5,0

1,00

Pluie Été

0,50

Ciel

Moyenne
0,00

10,
9,
8,
7,
6,
5,
4,0

1,50

Pluie Automne

1,00

0,50

Moyenne État du Ciel

0,00

Échelle de la Pluie

10,
9,
8,
7,0
6,
5,
4,

Ciel Nul

π O δ ε

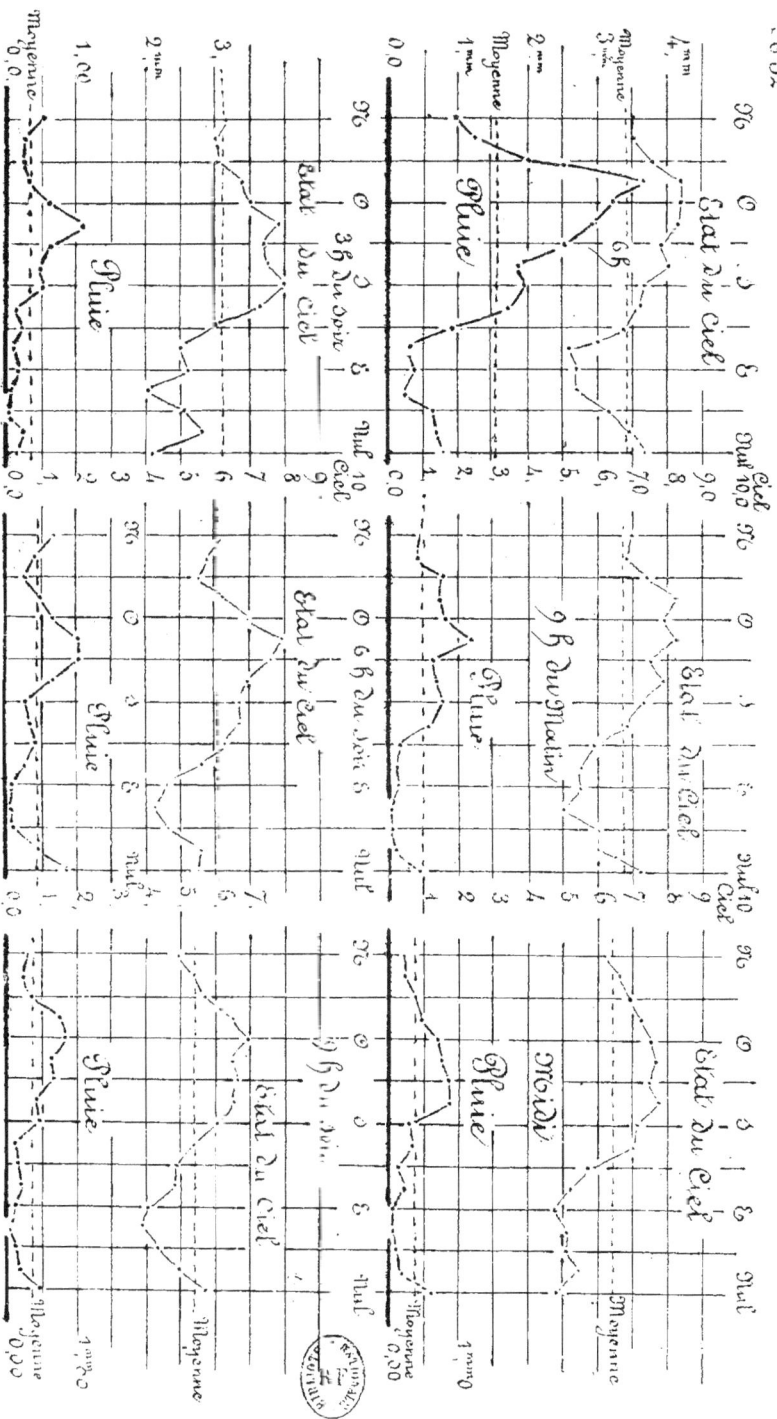

État du Ciel

Pluie

Moyenne

9 h. du Matin

État du Ciel

Midi

Pluie

Moyenne

État du Ciel

9 h. du soir

Pluie

Moyenne

État du Ciel

Pluie

Moyenne

3 h. du soir

État du Ciel

Pluie

Moyenne

6 h. du soir

État du Ciel

Pluie

Moyenne

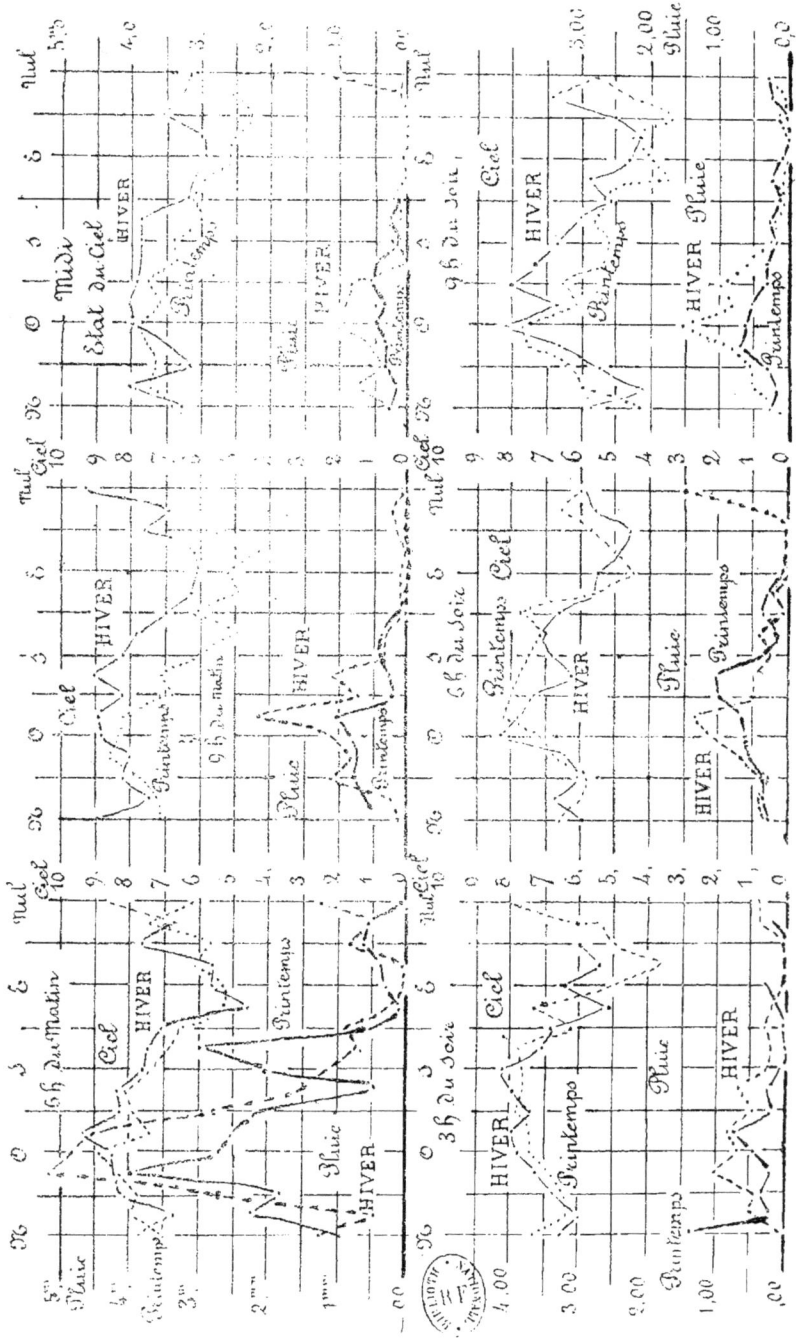

N° 33

6.h du Matin   Midi, État du Ciel   3.h du Soir   9.h du Soir

Ciel   Nul   HIVER   Printemps   Pluie

HIVER   Printemps   Pluie   Ciel

10   9   8   7   6   5   4   3   2   1   0

5,00   4,00   3,00   2,00   1,00   0,00

Pluie   Printemps   HIVER

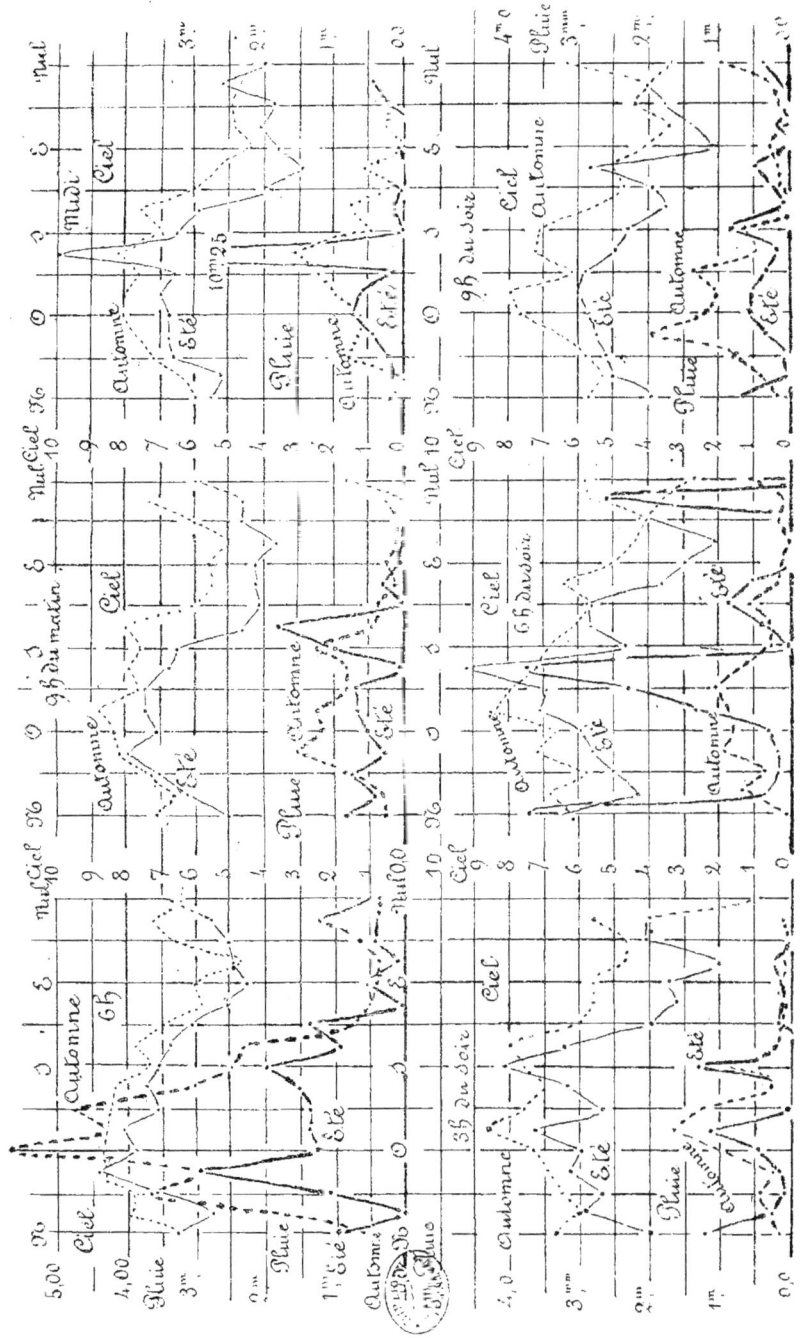

No 34

E.-S.-E. : en Automne, le maximum est en S.-O., le minimum à E. ; 3 h. du soir, l'Hiver, le maximum est en S., le minimum à E.-S.-E., même situation du minimum, mais le maximum se porte un peu vers l'E. ; Été, maximum à S., minimum à E.-N.-E. ; en Automne, le maximum retourne vers l'O. ; 6 h. du soir, l'Hiver, le maximum absolu est à O., second maximum à S.-E.-S., minimum en N.-E. ; au Printemps maximum à O., le minimum absolu est à E., un second minimum se trouve en N.-O., d'où N.-E.-N. forme un maximum relatif; l'Été, le maximum est à S.-O.-S., le minimum à E.-N.-E. ; en Automne, le maximum est à O.-S.-O., le minimum à N.-E.-N. ; 9 h. du soir, l'Hiver le maximum d'ensemble est à O.-S.-O., le minimum absolu à N.-O. ; un second minimum est en E.-N.-E. ; au Printemps, le maximum est en O., le minimum dans la région de l'E. et du N. ; l'Été, le maximum est à O.-S.-O., le minimum en E., mais il y a un maximum relatif très-sensible à E.-S.-E. ; en Automne, le maximum se porte vers le S., le minimum est à E.-N.-E. La pluie suit sensiblement l'état du ciel.

Le maximum de la nébulosité du ciel se produit donc généralement lorsque le vent vient de la région de l'O., le minimum alors qu'il souffle de celle de l'E., soit que l'on considère l'ensemble des dix années, les saisons ou les heures du jour ; la pluie suit sensiblement l'état du ciel pour l'ensemble de l'année, celui de chaque saison et même les heures considérées généralement, c'est-à-dire pour toute l'année, car elle présente des maxima très-accentués si l'on étudie les heures dans chaque saison ; c'est en Été, à 6 h. du soir, que se présente son maximum d'intensité tri-horaire ; il y a bien en Été, aussi à midi, un maximum très-fort, mais il est donné seulement par deux observations du vent du S.-O.-S. dont l'une a produit 15^{mm},8.

Conclusion

La discussion des observations de la direction du vent et de son intensité montre qu'il y a lutte entre les régions de l'O. et de l'E., que l'influence des saisons se manifeste nettement ainsi que celle des heures du jour, c'est O.-N.-O. qui domine S.-E. dans l'ensemble général des dix années. Le Baromètre a toujours son maximum au vent venant de la région du N., le minimum est en S. ; la Température de l'air donne le maximum annuel au N.-O., comme la direction du vent, le minimum est à N.-E.-N. ; la Tension de la vapeur d'eau a le maximum en O., cette valeur se rapproche du rapport de l'Intensité qui le place à O.-N.-O. ; elle est au milieu de la distance qui sépare celui-ci du maximum de l'Etat du Ciel et de la Pluie qui est en O.-S.-O. ; le Baromètre, la Température, la Tension, l'Humidité relative, présentent aussi généralement une opposition entre O. et E. plus variable, plus accentuée, que celle qui se produit du N. au S., soit que l'on considère les saisons ou les heures du jour dans chaque saison ; l'influence en faveur de l'E. suit sensiblement la marche du Soleil au-dessus de l'horizon. Ces diverses valeurs ont chacune leur marche particulière quoiqu'elles ne soient pas indépendantes les unes des autres, elles semblent former deux groupes composés l'un des *phénomènes primaires*, s'il est permis d'employer cette expression, comprenant: le Baromètre, la Température de l'air, la Tension de la vapeur d'eau ; le second, les *Phénomènes dérivés* : le vent et son intensité, l'humidité relative de l'air, l'État du Ciel, la Pluie.

C'est à O. et à N.-O. que nous avons la plus grande étendue présentant l'unité d'altitude et de nature de surface, l'Océan ; de cette région nous viennent les vents les plus fréquents et les plus forts, le maximum général de la Température, de la Tension de la vapeur d'eau est aussi à la direction du vent venant de cette région ; le Baromètre même a le maximum général vers le N.-O.-N. ; la plus forte différence des extrêmes valeurs dans l'ensemble des dix années est aussi au N.-O. pour celui-ci ; elle se présente au N. pour la Température, et à S.-E. et N. pour la Tension de la vapeur d'eau ; la moindre différence barométrique est au vent du S.-E.-S., ainsi que pour la Température, mais la Tension a ce minimum en S.-O.-S. et N.-O.-N.

A l'E. l'abaissement des Cévennes nous permet de recevoir l'influence de la mer Méditerranée ; cette influence est singulièrement augmentée par celle du Soleil, aussi c'est à E. que se produit l'opposition qui forme le second maximum général ; il y a par conséquent deux flux aériens, l'un venant de l'O. secondé par la marée dont l'heure change constamment, l'autre de l'E. qui suit les saisons et l'heure du jour.

Nous avons un assez grand nombre d'observations d'absence absolue de vent et beaucoup d'intensité si faible qu'il est difficile de les considérer comme faisant partie d'un fleuve aérien, car alors la direction du vent est variable souvent, nous ne trouvons rien qui indique ces courants atmosphériques qui sont considérés théoriquement comme la circulation générale de l'air ; nous croyons que le vent est une des conséquences de la propagation de l'air, que celle-ci est produite surtout par l'influence solaire.

L'air possède l'*affinité*, cette propriété générale que les corps gazeux ont à un si haut point, l'air sec se mêle à l'air humide, l'air chaud se mélange avec l'air froid sans qu'il en résulte des courants aériens ; l'air atmosphérique est électrisé ; il contient de la vapeur d'eau en quantité variable ; d'où il n'a pas toujours la même capacité électrique puisqu'il peut être sec, humide, froid ou chaud ; il en résulte que les masses d'air peuvent se polariser ; tant qu'elles se présentent l'électricité de nom contraire, la propagation de l'air suit son cours, mais dès que l'inverse se produit, cette propagation cesse, l'air des masses ne se mélange plus, il y a formation de zones isolantes dont la limite peut être extrêmement variable ainsi que la durée. Si les masses d'air n'ont qu'une importance *locale*, il ne peut se produire que du vent faible et non persistant, mais si les masses ont une grande amplitude, il peut en résulter au bout d'un certain temps l'orage, la tempête, mais dans tous les cas il se forme des nuages ; la zone isolante empêchant l'expansion de la vapeur d'eau, elle se condense en diminuant de volume et en refroidissant l'air dans les parties des masses qui se font opposition ; d'où le vent se produit dans chacune d'elles sans pourtant pouvoir passer de l'une à l'autre, car il ne peut se propager dans les zones isolantes ; les courants sont d'autant plus longs que l'action qui les a formés est plus persistante ; d'autant plus violents que cette action est intense ; dans tous les cas, les courants de vent se forment, se développent et finissent en bas comme en haut dans l'atmosphère sans sortir des masses d'air dans lesquelles ils se sont formés. Cette explication donne la raison des phénomènes météorologiques sans qu'il soit utile de formuler une théorie particulière pour chacun d'eux ; elle nous semble résulter de la discussion des faits que avons consciencieusement observés.

La grande amplitude des masses atmosphériques est évidente, croyons-nous, chaque fois que la tempête sévit ; on constate le centre du cyclone, son déplacement d'un jour à l'autre, puis qu'il disparaît ; d'où l'hypothèse qu'il est venu des régions supérieures et qu'il y est retourné : c'est résoudre facilement les difficultés. En 1872, de la fin de Novembre aux premiers jours de Décembre, il y a eu en France un singulier adoucissement de la Température, l'expédition Norwégienne a constaté que ce même fait s'est produit aussi à cette même époque dans les régions polaires. En 1875, il y a eu des inondations tour à tour en Amérique, puis en Autriche; encore en Amérique, puis en Italie ; enfin en Amérique, puis en France.

C'est attribuer dans le premier cas une étendue d'au moins soixante degrés de latitude à la masse d'air, et cent degrés peut-être de longitude dans le second, c'est beaucoup, mais ce ne semble pas impossible, car il y a comme centre l'Océan Atlantique et cette énorme étendue n'est qu'une faible partie de la sphère terrestre.

TABLEAUX

DIRECTION DU VENT

RÉSUMÉ.

N° 1. — TABLEAU D'ENSEMBLE DES DIX ANNÉES.

	N.	N-N-E.	N.-O.	O.N.O.	O.	O.S.O.	S.-O.	S-S-O.	S.	S-S-E.	S.-E.	E-S-E.	E.	E-N-E.	N.-E.	N.E.N.	NUL.	N.	O.	S.	E.
Décembre....	110	26	66	49	161	63	180	95	108	49	162	103	248	86	215	64	40	»	»	449	1207
Janvier.....	66	24	88	66	166	98	166	91	93	63	174	135	226	93	171	48	24	»	»	874	875
Février.....	69	42	139	93	176	89	13	51	77	54	166	106	176	83	148	58	37	»	»	133	201
Mars........	89	89	237	158	249	91	140	52	68	43	107	71	125	69	130	83	12	984	1810	»	»
Avril.......	69	41	294	182	279	80	114	22	43	23	81	36	128	62	132	53	16	1211	2037	»	»
Mai.........	55	36	351	194	259	106	119	42	53	29	99	90	148	84	127	32	9	1024	1976	»	»
Juin........	69	63	310	230	281	58	112	42	39	19	94	61	120	46	105	37	19	1314	2734	164	»
Juillet.....	59	49	395	198	304	134	128	19	52	32	102	51	139	43	89	26	30	1012	2938	418	»
Août........	69	67	393	131	291	93	121	22	41	30	114	68	132	67	124	36	35	1264	2084	183	»
Septembre...	64	63	251	102	139	82	168	30	90	51	169	100	207	63	116	20	43	»	296	164	»
Octobre.....	83	57	168	85	168	112	171	82	100	47	172	106	214	69	137	50	32	»	»	418	10
Novembre....	92	43	120	61	124	77	168	70	93	63	134	124	221	84	211	71	20	»	»	183	1137
Hiver.......	245	92	293	208	503	239	476	237	278	163	502	344	630	262	534	170	98	»	»	1431	2283
Printemps...	208	186	902	534	807	277	373	116	166	97	287	217	401	215	389	16.	37	3219	5823	»	»
Été.........	197	179	1137	559	876	327	361	83	132	81	310	180	411	156	318	93.	81	3390	7776	»	»
Automne.....	241	163	539	249	451	271	507	202	285	161	493	330	642	216	464	141	95	»	»	765	861
Année.......	891	621	2871	1550	2637	1125	1717	638	851	502	1394	1071	2104	849	1705	372	314	6393	10655	»	»

Direction du Vent à 6 heures du Matin

TABLEAU N° 2. DIX ANS. RÉSUMÉ.

	N.	N-N-O.	N.-O.	O-N-O.	O.	O-S-O.	S.-O.	S-O-S.	S.	S-E-S.	S.E.	E-S-E.	E.	E-N-E.	N.-E.	N-E-N.	NIL.	N.	O.	S.	E.
Décembre......	21	4	5	4	18	6	30	17	17	4	36	20	54	15	35	9	5	»	»	100	408
Janvier.......	10	5	6	7	19	18	30	15	17	7	32	26	45	20	23	7	3	»	»	213	285
Février.......	13	6	13	4	24	13	15	16	13	6	32	33	49	16	27	5	6	»	»	65	369
Mars.........	17	15	16	13	22	12	29	11	16	7	27	31	40	13	23	15	4	33	33	23	197
Avril........	11	»	35	18	39	10	26	6	10	6	17	18	42	12	17	11	»	33	33	»	»
Mai.........	12	2	31	4	31	17	31	8	12	7	39	22	37	15	23	13	»	33	33	31	33
Juin........	15	5	21	24	28	22	43	20	8	7	24	14	27	11	21	8	2	»	167	91	»
Juillet......	10	5	20	17	35	28	42	10	14	11	30	18	38	8	19	3	2	»	99	217	»
Août........	17	8	33	7	33	18	29	6	16	9	29	22	33	13	23	5	5	»	»	42	16
Septembre...	9	5	16	3	20	19	23	16	17	13	46	26	34	5	19	3	4	»	»	314	302
Octobre....	10	9	12	4	17	13	29	19	16	12	39	28	35	15	20	9	3	»	»	240	372
Novembre...	9	7	13	3	21	15	14	10	12	8	33	42	52	16	30	7	3	»	»	137	468
Hiver.......	46	15	24	15	61	37	73	38	47	17	100	79	148	51	83	21	14	»	»	380	1062
Printemps...	40	17	82	30	92	39	86	23	38	20	74	74	119	40	63	39	7	»	»	23	197
Été........	42	18	76	48	96	68	114	36	38	27	83	84	100	32	63	16	9	»	230	350	»
Automne.....	28	21	41	40	58	47	68	43	45	33	123	96	161	36	69	19	10	»	»	691	1139
Année......	156	71	223	123	307	191	343	144	168	97	380	300	328	159	282	93	34	»	»	1444	2148

Direction du Vent à 9 heures du Matin

TABLEAU N° 3. DIX ANS. RÉSUMÉ.

	N.	N-O-N.	N.-O.	O-N-O.	O.	O-S-O.	S.-O.	S-O-S.	S.	S-S-S.	S.-E.	E-S-E.	E.	E-N-E.	N.-E	N-E-N.	NUL.	N.	O.	S.	E.
Décembre.....	16	7	9	5	24	12	30	11	17	11	23	26	58	18	31	8	2	»	»	103	359
Janvier......	9	2	13	7	17	21	26	17	8	14	30	33	56	24	26	3	1	»	»	195	397
Février......	6	8	12	18	18	15	23	4	16	6	42	32	34	19	19	9	1	»	»	154	252
Mars.........	17	6	26	23	32	25	34	12	14	6	27	9	22	19	22	13	1	»	171	1	»
Avril........	11	7	34	31	43	14	21	3	9	6	16	12	29	10	26	7	1	131	221	»	»
Mai..........	10	14	44	24	43	21	24	7	7	3	17	21	25	11	33	4	1	144	242	»	»
Juin.........	17	9	44	31	42	17	15	7	11	6	14	11	25	13	23	9	1	202	266	»	»
Juillet......	14	9	55	25	46	24	21	4	9	3	21	11	23	14	16	8	5	165	355	»	»
Août.........	7	11	44	10	51	24	24	5	1	7	27	11	30	13	32	9	1	119	193	»	»
Septembre..	7	7	22	11	24	18	41	11	15	12	32	21	47	11	18	2	1	»	»	209	159
Octobre.....	14	9	10	13	24	22	34	22	24	7	32	20	48	14	13	3	»	»	»	287	101
Novembre....	10	5	12	8	15	12	26	15	13	18	38	24	34	13	27	7	»	»	»	203	401
Hiver........	31	17	34	30	59	48	79	32	41	31	95	91	148	61	76	20	4	»	»	452	1008
Printemps..	38	27	104	78	120	60	79	22	30	15	60	42	76	40	81	24	3	274	634	»	»
Été.........	38	29	143	66	139	65	60	16	21	16	62	33	78	40	71	26	7	486	814	»	»
Automne.....	31	21	44	32	63	52	101	48	52	37	102	65	149	40	58	12	1	»	»	699	661
Année.......	138	94	325	206	381	225	319	118	144	99	319	231	451	181	286	82	15	»	»	391	221

Direction du Vent à Midi

TABLEAU No 4.   DIX ANS.   RÉSUMÉ.

	N.	N.-N.-O.	N.-O.	O.-N.-O.	O.	O.-S.-O.	S.-O.	S.-S.-O.	S.	S.-S.-E.	S.E.	E.S.E.	E.	E.N.E.	N.-E.	N.E.-N.	NUL.	N.	O.	S.	E.
Décembre.....	18	5	18	11	32	10	32	10	19	10	33	16	32	16	33	8	6	»	»	74	98
Janvier......	9	5	14	14	37	23	31	13	11	7	29	18	38	18	30	10	»	»	»	98	42
Février......	9	11	30	20	33	21	24	12	9	8	23	10	19	14	17	20	»	50	196	»	»
Mars.........	16	14	44	25	32	17	19	10	10	5	18	6	13	13	31	15	»	236	376	»	»
Avril........	13	5	32	43	48	10	12	4	4	3	16	7	14	9	26	10	»	314	414	»	»
Mai..........	7	12	59	39	50	17	14	3	4	7	19	9	21	17	23	5	»	243	397	»	»
Juin.........	10	11	30	42	39	11	7	2	2	2	14	8	20	8	27	13	»	448	396	»	»
Juillet......	8	8	79	40	52	12	12	0	4	2	16	8	23	3	26	4	4	343	485	»	»
Août.........	8	15	66	26	48	16	11	0	1	7	23	14	22	15	28	7	1	304	288	»	»
Septembre....	8	18	49	23	24	13	41	3	12	5	20	16	22	17	20	4	1	70	198	»	»
Octobre......	10	7	43	17	34	13	34	14	12	5	23	17	29	8	27	10	»	8	151	»	»
Novembre.....	20	7	28	16	17	17	39	10	13	10	19	19	25	12	33	14	»	39	»	122	9
Hiver........	36	21	62	45	104	54	87	35	35	25	85	44	89	48	80	38	6	70	56	122	»
Printemps....	38	31	133	109	130	44	43	19	18	17	53	22	48	39	80	30	»	795	1187	»	»
Été..........	26	34	225	108	139	42	30	2	7	11	53	30	65	30	81	23	3	1093	1169	»	»
Automne......	38	32	122	56	75	47	114	27	37	20	64	34	76	37	80	28	1	114	340	»	»
Année........	138	118	564	318	468	187	276	83	101	73	253	130	278	134	321	120	12	1882	2752	»	»

Direction du Vent à 3 heures du Soir.

Tableau N° 5.

Dix Ans. — Résumé.

	N.	N-N-O.	N-O.	O-N-O.	O.	O-S-O.	S-O.	S-S-O.	S.	S-E-S.	S-E.	E-S-E.	E.	E-N-E.	N-E.	N-E-N.	NUL.	N.	O.	S.	E.
Décembre...	14	2	18	12	34	17	40	18	13	6	28	15	22	14	44	12	1	»	43	33	»
Janvier...	11	5	24	22	35	13	34	13	12	11	22	13	26	10	41	10	3	»	31	3	»
Février...	13	6	38	23	22	17	39	2	10	13	16	6	15	13	33	10	»	139	224	»	»
Mars...	6	18	74	42	60	7	17	4	6	9	7	4	10	9	24	11	»	366	628	»	»
Avril...	8	7	80	42	48	8	14	7	7	2	8	12	8	12	26	8	1	396	564	»	»
Mai...	5	12	89	45	41	4	9	3	6	2	9	19	16	19	22	3	»	423	503	»	»
Juin...	7	17	85	57	42	10	5	3	2	4	8	12	17	4	14	4	»	434	600	»	»
Juillet...	8	11	107	43	47	17	7	0	0	3	12	7	19	6	17	1	2	411	621	»	»
Août...	8	8	107	35	43	13	6	0	0	2	11	11	25	12	21	3	2	465	464	»	»
Septembre...	11	14	78	29	27	4	17	5	8	»	19	14	24	14	23	6	1	301	209	»	»
Octobre...	7	12	57	26	37	23	27	4	17	1	13	12	27	9	26	7	1	119	347	»	»
Novembre...	16	11	29	42	33	14	27	8	15	9	11	18	23	18	43	16	»	160	34	»	»
Hiver...	40	13	80	59	101	57	104	33	35	30	63	34	63	37	118	32	4	81	345	»	»
Printemps...	23	37	243	159	149	29	40	»	49	13	24	13	31	40	72	22	1	1185	1695	»	»
Été...	29	36	303	134	133	46	18	3	5	9	31	34	61	22	32	8	4	1310	1682	»	»
Automne...	34	37	164	68	97	41	71	17	40	15	43	38	76	41	92	29	2	580	560	»	»
Année...	117	123	790	393	480	157	233	61	99	65	163	116	231	140	334	91	11	3156	4232	»	»

Direction du Vent à 6 heures du Soir

TABLEAU N° 6.

DIX ANS   RÉSUMÉ.

	N.	N-O-N.	N-O.	O-N-O.	O.	O-S-O.	S-O.	S-O-S.	S.	S-E-S.	S-E.	E-S-E.	E.	E-N-E.	N-E.	N-E-N.	NUL.	N.	O.	S.	E.
Décembre	23	5	10	12	29	10	28	18	13	8	23	13	42	11	29	13	11	»	»	12	132
Janvier	14	6	19	10	31	17	19	16	24	11	28	22	18	14	24	10	7	»	2	146	»
Février	11	6	30	21	39	13	20	14	11	12	20	11	20	7	30	8	7	20	178	»	»
Mars	9	27	69	38	53	17	12	6	6	8	12	5	16	9	16	3	»	315	584	»	»
Avril	8	12	67	30	51	19	16	2	3	2	8	5	19	12	48	6	1	303	503	»	»
Mai	6	8	37	42	32	14	11	7	6	21	11	11	24	11	13	3	»	298	546	»	»
Juin	65	13	83	51	62	20	9	3	3	14	14	8	11	5	11	4	»	374	751	»	»
Juillet	7	12	99	50	58	18	14	1	1	6	12	3	20	5	5	4	2	404	785	»	»
Août	6	16	59	40	63	10	11	»	6	6	20	2	23	7	11	3	5	425	709	»	»
Septembre	14	10	60	23	48	12	13	5	13	7	18	7	29	7	19	1	14	168	320	138	»
Octobre	16	11	30	16	33	24	27	7	12	11	31	15	20	13	24	9	11	1	128	»	»
Novembre	24	7	21	14	22	11	35	11	20	10	23	10	26	14	32	10	8	»	»	»	27
Hiver	48	17	59	43	99	40	67	48	48	31	71	48	80	32	83	31	25	918	1630	138	48
Printemps	23	42	223	110	158	30	39	15	13	12	31	21	59	32	47	17	2				
Été	19	43	283	144	183	38	34	4	10	3	26	13	54	17	27	8	7	1200	2236	»	»
Automne	54	28	111	53	103	47	75	23	45	28	74	32	75	34	75	20	33	169	421	»	»
Année	144	130	676	380	543	175	245	90	118	74	202	114	268	115	232	76	67	2149	4345		

Direction du Vent à 9 heures du Soir

TABLEAU Nº 7. DIX ANS. RÉSUMÉ.

	N.	N-O-N	N.-O.	O-N-O	O.	O-S-O	S.-O.	S-O-S	S.	S-E-S	S.-E.	E-S-E	E.	E-N-E	N.-E.	N-E-N	NUL.	V.	O.	S.	E.
Décembre	18	3	6	5	24	8	20	21	29	10	22	11	40	12	43	13	15	»	»	105	253
Janvier	13	1	12	6	27	6	26	17	21	10	33	23	43	7	27	8	10	»	»	212	234
Février	13	5	16	5	28	10	13	13	18	9	33	14	39	14	22	6	20	»	»	123	175
Mars	24	14	28	17	48	13	29	9	16	8	16	16	24	6	12	21	9	93	251	»	»
Avril	11	10	26	16	48	19	25	6	12	4	16	13	16	7	19	11	12	32	302	»	»
Mai	11	8	41	24	42	23	30	12	19	8	13	19	25	11	13	4	8	»	321	55	»
Juin	14	6	30	22	67	28	33	7	13	0	20	8	20	5	9	2	16	»	554	30	»
Juillet	15	4	35	23	66	32	32	4	21	10	17	3	16	3	6	6	15	»	612	94	»
Août	23	9	42	12	53	14	40	11	17	5	18	8	17	7	9	3	21	»	449	7	»
Septembre	13	11	26	13	16	14	31	10	25	9	34	13	31	4	17	4	22	»	»	152	36
Octobre	28	9	14	10	23	15	20	16	19	11	30	14	33	12	27	6	17	»	»	15	133
Novembre	13	5	17	7	16	8	27	16	22	8	23	18	39	17	46	3	9	»	»	43	209
Hiver	44	9	34	16	79	24	64	51	68	29	88	48	122	33	92	28	45	»	874	440	662
Printemps	46	32	93	57	138	55	84	27	46	20	45	48	63	36	44	24	29	70	»	»	»
Été	52	19	107	57	186	74	105	22	51	15	35	19	83	11	24	11	52	»	1615	131	»
Automne	36	23	37	30	55	37	79	42	66	28	87	45	105	33	90	48	48	»	»	210	438
Année	198	85	293	160	459	190	331	142	231	92	273	160	345	108	250	»	174	»	1389	731	»

Intensité du Vent à 6 heures du Matin

TABLEAU No 8.

DIX ANS.

RÉSUMÉ.

	N.	N-O-N.	N-O.	O-N-O.	O.	O-S-O.	S-O.	S-O-S.	S.	S-S-E.	S-E.	E-S-E.	E.	E-N-E.	N-E.	N-E-N.	N.	O.	S.	E.
Décembre......	51	15	26	16	38	26	90	58	38	10	83	38	136	30	82	31	»	»	241	775
Janvier......	25	8	14	29	87	98	96	46	65	17	84	52	113	45	60	8	»	»	898	80
Février......	30	9	41	14	88	58	48	21	36	17	56	56	92	30	72	6	»	»	241	183
Mars......	29	41	52	44	78	35	94	27	42	9	43	47	60	27	49	40	»	298	38	»
Avril......	22	0	100	73	142	21	75	11	27	8	34	27	86	28	52	19	209	735	»	»
Mai......	29	2	67	59	77	38	82	22	20	13	55	44	81	34	46	30	»	158	8	»
Juin......	33	11	46	66	66	54	60	32	12	9	30	23	65	23	37	22	89	427	»	»
Juillet......	13	8	42	48	75	61	69	15	17	14	57	24	66	13	34	4	»	400	296	»
Août......	18	8	55	14	87	35	51	12	22	9	44	20	57	15	40	13	»	262	94	»
Septembre......	12	7	33	8	45	30	55	31	37	23	73	35	93	11	32	3	»	»	607	347
Octobre......	19	17	34	7	72	33	88	41	41	18	58	46	92	25	29	12	»	»	595	83
Novembre......	13	9	48	8	75	59	55	49	42	13	76	79	128	31	79	16	»	»	532	588
Hiver......	106	32	81	59	213	182	234	125	139	44	223	146	341	105	214	45	»	»	1380	1038
Printemps......	80	43	209	178	297	94	251	60	89	30	132	118	227	89	147	89	143	1191	»	»
Été......	64	27	143	125	228	150	180	59	51	32	131	80	188	51	111	39	»	1089	301	1048
Automne......	44	33	115	23	192	122	198	121	120	54	207	160	313	67	140	31	»	»	1734	»
Année......	294	135	548	385	930	548	863	365	399	160	693	504	1069	312	612	204	»	224	3272	»

Intensité du Vent à 9 heures du Matin

TABLEAU N° 9.

DIX ANS. RÉSUMÉ.

	N.	N-O-N.	N-O.	O-N-O.	O.	O-S-O.	S-O.	S-O-S.	S.	S-E-S.	S-E.	E-S-E.	E.	E-N-E.	N-E.	N-E-N.	N.	O.	S.	E.
Décembre	57	16	35	25	98	51	92	38	35	28	55	65	158	56	88	21	»	»	246	578
Janvier	26	5	37	30	73	89	97	71	13	34	63	68	153	60	66	6	»	»	603	417
Février	9	18	46	46	73	57	71	6	48	15	98	81	94	43	50	21	»	»	479	315
Mars	55	23	76	74	124	97	111	39	35	19	73	26	67	52	73	48	87	849	»	»
Avril	36	30	148	137	198	48	92	11	28	14	55	34	105	32	84	28	609	1335	»	»
Mai	35	48	159	82	168	68	68	23	30	7	49	75	85	38	98	12	528	988	»	»
Juin	44	36	137	123	160	54	43	13	16	10	28	40	70	44	64	23	830	1216	»	»
Juillet	23	24	197	83	157	67	38	10	18	3	50	32	74	41	36	15	619	1285	»	»
Août	7	27	116	34	176	81	71	8	3	18	71	32	79	37	88	27	238	830	»	»
Septembre	13	16	57	43	75	69	116	32	33	28	78	64	125	34	50	6	»	»	769	83
Octobre	39	22	32	46	70	83	118	54	35	17	67	40	121	39	38	6	»	143	693	»
Novembre	22	17	39	34	64	50	86	62	35	54	78	67	132	39	78	17	»	»	635	573
Hiver	92	39	118	104	248	197	260	115	116	77	216	214	403	159	204	48	»	»	1328	1310
Printemps	126	103	383	293	490	213	274	73	63	40	179	129	257	122	253	83	224	3172	»	»
Été	74	87	450	246	493	202	152	31	37	31	149	104	223	119	188	67	1707	3331	»	»
Automne	74	55	128	123	209	204	320	149	143	99	223	171	379	112	166	29	»	»	2097	515
Année	366	284	1079	757	1440	816	1003	369	389	247	767	618	1264	312	813	233	»	4678	494	»

Intensité du Vent à Midi

Tableau N° 10.

Dix Ans.

Résumé.

	N.	N.-N.-O.	N.-O.	O.-N.-O.	O.	O.-S.-O.	S.-O.	S.-O.-S.	S.	S.-S.-E.	S.-E.	E.-S.-E.	E.	E.-N.-E.	N.-E.	N.-N.-E.	N.	O.	S.	E.
Décembre	73	44	62	52	135	45	116	36	60	38	89	40	84	56	108	23	»	263	102	»
Janvier	17	18	43	45	182	112	133	68	47	18	61	42	117	30	91	40	»	760	599	»
Février	27	31	127	84	152	75	90	55	33	42	67	27	65	51	52	61	76	1106	»	»
Mars	62	64	204	139	273	81	90	46	51	26	60	27	55	46	132	55	956	2228	»	»
Avril	48	19	260	216	236	53	60	15	18	16	61	24	63	29	92	32	1289	2375	»	»
Mai	31	48	269	189	225	62	54	24	19	29	50	31	72	65	86	19	1175	2113	»	»
Juin	37	36	336	179	139	46	23	4	8	7	30	23	56	96	04	37	1741	1061	»	»
Juillet	21	23	333	160	203	64	38	0	4	2	47	20	89	26	74	6	1363	2152	»	»
Août	21	46	264	112	191	66	32	0	1	14	63	52	71	44	79	12	1988	724	»	»
Septembre	15	30	130	101	92	54	140	15	40	13	61	38	53	47	70	13	119	980	»	»
Octobre	28	30	170	69	153	63	124	30	38	18	62	54	65	29	70	27	20	1280	»	»
Novembre	62	23	105	63	66	90	149	45	62	33	50	48	87	39	111	39	»	420	78	»
Hiver	117	63	229	181	469	232	339	159	140	98	208	109	266	157	234	124	»	2424	616	»
Printemps	141	131	733	535	734	496	204	63	88	69	181	82	190	141	310	106	3420	6716	»	»
Été	79	104	930	451	553	176	93	4	13	23	165	103	216	96	247	50	4197	3637	»	»
Automne	105	103	426	235	311	207	413	110	140	64	173	160	205	113	251	79	61	2689	»	»
Année	442	401	2348	1502	2067	811	1040	358	381	254	727	454	877	509	1062	359	7062	4766	»	»

Intensité du Vent à 3 heures du Soir

TABLEAU No 11.

	N.	N-N-O	N-O.	O-N-O	O.	O-S-O	S-O.	S-O-S	S.	S-E-S	S-E.	E-S-E.	E.	E-N-E.	N-E.	N-E-N.	N.	O.	S.	E.
							DIX ANS.											RÉSUMÉ.		
Décembre........	43	9	75	45	134	74	145	58	46	12	79	33	58	43	126	30	»	723	249	»
Janvier.........	37	19	79	109	152	54	113	47	47	24	47	32	89	18	129	27	66	908	»	»
Février........	47	21	160	105	120	80	130	8	43	62	57	14	53	47	84	32	243	1215	»	»
Mars...........	23	79	362	211	323	33	81	18	24	42	32	17	32	28	96	44	1639	3309	»	»
Avril..........	28	36	390	215	241	36	69	6	29	7	31	4	37	50	88	29	1786	3044	»	»
Mai............	33	62	424	225	176	67	33	6	20	6	24	21	56	77	91	11	2124	2624	»	»
Juin...........	23	83	418	238	193	35	10	7	2	10	19	32	50	15	49	14	2122	2974	»	»
Juillet........	14	39	476	192	210	67	20	0	3	4	33	24	58	17	51	3	1859	3044	»	»
Août...........	25	35	464	152	173	49	16	0	0	4	35	32	82	38	62	10	1837	2261	»	»
Septembre......	33	45	305	104	112	10	50	14	18	12	54	39	73	41	64	17	1221	1141	»	»
Octobre........	14	54	218	94	153	78	93	8	51	4	39	32	50	22	70	11	470	1790	»	»
Novembre.......	58	34	86	52	127	52	95	27	46	29	23	31	71	40	129	54	509	511	»	»
Hiver..........	127	49	314	259	406	208	388	113	136	98	183	79	200	108	339	89	60	2846	»	»
Printemps......	84	177	1176	651	740	136	183	30	73	55	87	42	125	155	275	84	5569	9177	»	»
Été............	62	157	1358	572	576	151	46	7	5	18	87	88	190	70	162	27	5945	8279	»	»
Automne........	105	133	609	250	392	140	238	49	115	45	116	102	194	103	263	82	2200	3442	»	»
Année..........	378	516	3457	1732	2114	635	855	199	329	216	473	311	709	436	1039	282	13774	23774	»	»

Intensité du Vent à 6 heures du Soir

TABLEAU N° 12. DIX ANS RÉSUMÉ.

	N.	N-N-O.	N-O.	O-N-O.	O.	O-S-O.	S-O.	S-S-O.	S.	S-S-E.	S-E.	E-S-E.	E.	E-N-E.	N-E.	N-N-E.	N.	O.	S.	E.
Décembre	62	15	23	43	111	47	112	67	44	14	49	35	101	27	68	46	»	270	206	»
Janvier	35	18	41	49	131	66	47	47	53	26	55	42	39	34	57	27	»	660	282	»
Février	27	19	70	46	134	35	53	33	34	47	38	34	50	18	63	14	»	668	114	»
Mars	27	74	242	111	201	69	46	15	28	25	26	9	23	26	42	21	968	2382	»	»
Avril	25	49	272	121	187	65	56	2	6	7	16	11	43	24	57	13	1233	2295	»	»
Mai	13	39	338	147	185	54	34	21	11	2	30	22	61	29	29	8	1289	2443	»	»
Juin	19	61	331	109	217	30	31	3	7	0	24	10	23	7	28	1	1575	3041	»	»
Juillet	21	46	328	180	195	67	57	1	1	6	11	6	40	12	11	5	1404	2950	»	»
Août	11	42	306	97	176	16	31	0	10	0	9	2	47	9	12	4	1200	2206	»	»
Septembre	17	14	139	47	105	30	31	17	31	12	30	18	30	8	23	1	177	1041	»	»
Octobre	26	21	69	52	105	87	57	21	33	19	52	27	26	23	36	21	»	948	124	»
Novembre	66	10	67	52	48	59	92	38	49	27	60	23	57	23	79	18	»	264	82	»
Hiver	124	32	134	138	376	148	212	147	131	87	142	111	190	79	188	87	»	1598	602	»
Printemps	67	162	872	379	573	188	136	38	45	34	72	42	129	79	128	42	3492	7120	»	»
Été	51	149	965	476	588	113	91	4	18	6	44	28	110	51	51	10	4183	8197	»	»
Automne	109	45	275	151	258	176	180	76	113	58	142	54	113	138	138	40	»	2253	29	»
Année	351	408	2246	1144	1795	625	619	263	307	185	400	241	542	240	505	179	7044	4968	»	»

Intensité du Vent à 9 heures du Soir

Tableau N° 13. Dix Ans. Résumé.

	N.	N.-O.-N.	N.-O.	O.-N.-O.	O.	O.-S.-O.	S.-O.	N.-O.-S.	S.	N.-E.-S.	S.-E.	N.-E.-S.-E.	E.	E.-N.-E.	N.-E.	N.-E.-N.	N.	O.	S.	E.
Décembre	52	7	14	26	111	38	58	87	88	21	59	24	88	38	119	37	»	»	420	100
Janvier	27	5	32	26	125	23	97	58	79	23	62	64	71	13	77	23	»	246	774	»
Février	39	16	42	20	94	24	63	42	62	24	80	26	74	28	45	15	»	38	450	»
Mars	68	45	75	60	197	45	87	15	37	22	42	31	40	14	43	67	449	1335	»	»
Avril	37	38	59	63	186	61	59	16	17	8	23	25	35	13	37	20	278	1476	»	»
Mai	21	11	91	59	143	62	84	20	40	12	19	30	33	24	24	13	176	1164	148	6
Juin	37	18	80	52	169	53	82	20	27	0	29	14	28	8	19	9	40	1523	»	»
Juillet	27	4	75	59	166	72	63	6	29	17	22	5	19	3	6	14	»	1626	92	»
Août	43	21	78	29	143	46	84	13	23	3	34	15	27	11	12	6	»	1244	==	»
Septembre	31	22	58	27	43	36	57	28	84	15	62	36	44	20	31	5	»	160	384	»
Octobre	71	13	34	43	90	38	54	41	46	26	54	29	67	12	47	20	»	367	119	38
Novembre	36	10	62	19	71	33	109	55	62	23	46	35	86	16	105	43	»	»	284	»
Hiver	118	28	88	73	330	87	218	187	229	70	201	114	233	79	241	77	»	174	1644	»
Printemps	126	94	225	172	526	168	230	51	94	42	84	86	130	51	104	100	579	3995	»	»
Été	107	43	233	123	469	171	229	39	79	25	85	34	74	22	37	29	»	4308	52	»
Automne	141	47	154	90	206	129	220	124	172	64	162	100	197	48	183	76	»	499	787	»
Année	492	212	700	457	1531	555	897	401	574	201	532	334	634	200	565	276	»	9066	3904	»

Intensité du Vent — Année

TABLEAU N° 14.

DIX ANS.

	N.	N-N-O.	N-O.	O-N-O.	O.	O-S-O.	S-O.	S-S-O.	S.	S-S-E.	S-E.	E-S-E.	E.	E-N-E.	N-E.	N-N-E.	N.	O.	S.	E.
Décembre............	335	76	235	267	627	281	643	344	331	123	405	235	626	280	591	188	»	»	1464	202
Janvier.............	167	73	243	288	752	444	393	337	304	114	372	300	582	220	483	133	»	2047	3081	»
Février.............	179	114	486	345	663	329	455	465	236	207	396	239	428	217	366	149	»	2349	963	»
Mars................	264	329	1001	630	1196	360	509	160	217	141	278	131	279	193	435	275	4061	4624	»	»
Avril...............	196	172	1239	827	1190	284	411	61	125	60	220	125	369	176	410	141	5436	4290	»	»
Mai.................	164	210	1368	761	947	351	353	110	156	49	237	223	410	264	374	94	4060	3490	»	»
Juin................	195	245	1345	859	955	272	240	79	72	36	180	148	292	120	201	105	6431	1447	»	»
Juillet.............	119	144	1451	700	1006	395	266	32	72	46	220	117	344	112	212	47	4859	1472	»	»
Août................	125	178	1280	429	946	293	283	33	89	53	261	162	363	154	293	72	4389	3327	»	»
Septembre...........	129	134	742	330	474	229	449	438	243	103	338	250	419	161	270	45	»	2899	243	»
Octobre.............	197	139	557	313	643	404	534	212	264	102	332	228	421	150	290	97	»	4445	1041	»
Novembre............	257	102	408	229	451	345	586	276	296	179	333	285	361	188	581	189	»	6	1102	»
Hiver...............	681	263	964	810	2042	1054	1631	846	891	474	1173	773	1635	687	1440	470	»	4394	3549	»
Printemps...........	624	710	3608	2208	3360	995	1273	337	482	270	733	499	1058	637	1219	510	4457	3401	1401	»
Été.................	437	567	4079	1987	2907	963	791	144	203	135	661	427	1001	386	796	222	4679	3034	2386	»
Automne.............	578	416	1707	872	1568	978	1569	629	803	384	1023	763	1401	499	1141	331	»	7330	»	»
Année...............	2323	1956	10358	5877	9877	3990	5286	1956	2379	1263	3392	2462	5095	2209	4596	1533	2940	7676	7676	»

Résumé – Direction (réduction)

DIX ANS

	6 heures				9 heures				midi				3 heures				6 heures				9 heures			
	N.	O.	S.	E.	N.	O.	S.	E.	N.	O.	S.	E.	N.	O.	S.	Z.	N.	O.	S.	E.	N.	O.	S.	E.
Décembre.	»	»	100	408	»	»	103	359	»	»	74	95	»	43	55	»	»	»	12	132	»	»	105	253
Janvier ..	»	»	215	283	»	»	193	397	»	»	98	42	»	81	3	»	»	2	146	»	»	»	212	234
Février ..	»	»	63	369	»	»	134	252	50	196	»	»	139	221	»	»	20	178	»	»	»	»	123	175
Mars......	33	»	23	197	»	171	1		236	376	»	»	366	628	»	»	315	531	»	»	93	251	»	»
Avril.....	»	33	»	»	131	221	»	»	314	414	»	»	396	564	»	»	305	503	»	»	32	302	»	»
Mai.......	»	»	31	33	144	242	»	»	245	397	»	»	423	503	»	»	298	346	»	»	»	321	55	»
Juin.......	»	167	91	»	202	266	»	»	448	396	»	»	434	600	»	»	371	751	»	»	»	534	30	»
Juillet....	»	99	217	»	165	355	»	»	343	485	»	»	411	621	»	»	404	786	»	»	»	612	94	»
Août......	»	»	42	16	119	193	»	»	304	288	»	»	465	461	»	»	425	709	»	»	»	449	7	»
Septembre.	»	»	314	302	»	»	209	159	70	198	»	»	301	209	»	»	168	320	»	»	»	»	152	36
Octobre..	»	»	240	372	»	»	287	101	5	151	»	»	119	317	»	»	»	128	»	»	»	»	15	133
Novembre.	»	»	137	463	»	»	203	401	39	»	»	9	160	34	»	»	1	»	»	27	»	»	43	209
Hiver	»	»	380	1062	»	»	432	1008	»	36	122	»	81	345	»	»	»	48	138	»	»	70	440	662
Printemps.	»	»	23	197	274	634	»	»	795	1187	»	»	1185	1695	»	»	918	1630	»	»	»	874	151	»
Été......	»	280	350	»	486	814	»	»	1093	1169	»	»	1310	1682	»	»	1200	2246	»	»	»	1615	210	438
Automne.	»	»	691	1139	»	»	699	661	114	340	»	»	580	560	»	»	169	421	»	»	»	»	»	»
Année.....	»	»	1444	2148	»	»	391	221	1882	2752	»	»	3136	4282	»	»	2149	4345	»	»	»	1389	731	»

Résumé — Force (réduction)

DIX ANS

TABLEAU N° 16.

	6 heures				9 heures				midi				3 heures				6 heures				9 heures			
	N.	O.	S.	E.	N.	O.	S.	E.	N.	O.	S.	E.	N.	O.	S.	E.	N.	O.	S.	E.	N.	O.	S.	E.
Décembre.	»	»	244	773	»	»	246	578	»	238	102	»	»	723	249	»	»	270	206	»	»	»	423	100
Janvier ..	»	298	883	30	»	871	603	417	»	762	596	»	66	908	»	»	»	660	262	»	»	745	777	»
Février ..	»	158	271	183	»	358	479	313	76	1466	»	»	743	1218	»	»	»	668	114	»	35	433	»
Mars.....	509	»	38	»	857	849	»	»	936	2228	»	»	1659	3569	»	»	968	2382	»	»	449	1333	384	»
Avril.....	»	733	»	»	609	1335	»	»	289	2373	»	»	1766	3044	»	»	1235	2203	»	»	278	1475	119	»
Mai......	»	158	8	»	358	988	»	»	1173	2113	»	»	2124	2624	»	»	1289	2443	114	»	1494	148	»
Juin......	89	427	»	»	310	1246	»	»	1744	1984	»	»	2132	2374	»	»	1575	3031	»	»	40	1328	»	»
Juillet....	»	400	296	»	619	1283	143	»	1366	2152	»	»	1639	3044	»	»	1464	2950	»	»	1635	92	»
Août.....	»	262	94	»	238	830	»	»	1088	1324	»	»	1857	2264	»	»	1290	2206	»	»	1244	»	»
Septembre.	»	»	607	347	»	»	769	85	119	989	»	»	1221	1141	»	»	177	1041	»	»	163	1528	»	»
Octobre..	»	»	235	83	»	143	493	»	20	1280	»	»	470	1790	»	»	»	948	124	»	367	1635	»	»
Novembre.	»	»	532	388	»	»	633	573	420	»	78	569	511	»	»	»	264	82	»	»	1244	284	28
Hiver.....	143	1191	135.0	1038	1224	3172	1328	1310	3420	2124	616	60	2846	»	»	3492	1598	602	»	879	174	1644	»
Printemps	»	»	301	»	1707	3331	»	»	4497	6716	»	3369	9177	»	»	4179	7120	»	»	3995	»	»
Été......	»	1089	1734	1018	»	»	2097	315	61	3637	»	5945	8279	»	»	8197	»	»	4398	32	787	»
Automne.	»	»	»	»	»	2689	»	2200	3442	»	»	2233	29	»	499	»	»	»	»	»
Année...	»	224	3272	»	»	4678	494	7062	4766	»	4774	2714	»	7044	4968	»	9066	1904	»

Rapport de l'Intensité à la Direction du Vent

TABLEAU N° 17.

DIX ANS

RÉSUMÉ.

	N.	N-O-N.	N-O.	O-N-O.	O.	O-S-O.	S-O.	S-O-S.	S.	S-E-S.	S-E.	E-S-E.	E.	E-N-E.	N-E.	N-E-N.	TOTAL
6 h. du matin.																	
Hiver.......	2.3	2.1	3.4	3.9	3.5	4.9	3.1	3.3	2.9	2.6	2.2	1.8	2.3	2.0	2.5	2.1	44.9
Printemps....	2.0	2.5	2.6	3.5	3.2	2.4	2.9	2.4	2.3	1.5	1.8	1.7	1.9	2.0	2.2	2.2	37.1
Été.........	1.5	1.5	1.9	2.6	2.4	2.2	1.5	1.6	1.3	1.2	1.5	1.5	1.9	1.6	1.7	2.4	28.3
Automne.....	1.6	1.6	2.8	2.3	3.3	2.6	2.9	2.7	2.6	1.6	1.7	1.7	1.9	1.8	2.0	1.6	34.7
9 h. du matin.																	
Hiver.......	2.9	2.3	3.4	3.3	4.2	4.1	3.3	3.6	2.8	2.5	2.3	2.4	2.7	2.6	2.6	2.4	47.4
Printemps....	3.3	3.8	3.6	3.8	4.0	3.6	3.4	3.2	3.1	2.6	2.9	3.0	3.4	3.0	3.1	3.7	53.5
Été.........	1.9	3.0	3.1	3.6	3.5	3.1	2.5	1.9	1.7	1.9	2.4	3.1	2.8	2.9	2.6	2.5	42.5
Automne.....	2.3	2.6	2.9	3.8	3.3	3.9	3.1	3.1	2.7	2.6	2.2	2.6	2.5	2.8	2.8	2.4	45.6
Midi.																	
Hiver.......	3.2	3.0	3.7	4.0	4.5	4.3	3.9	4.5	3.6	3.9	2.4	2.4	3.0	3.2	3.1	3.2	55.9
Printemps....	3.8	4.2	4.7	4.9	4.9	4.4	4.5	4.4	4.8	4.0	3.4	3.7	3.9	3.9	3.8	3.5	66.8
Été.........	3.0	3.0	4.1	4.1	3.9	4.2	3.1	2.0	1.8	2.0	3.1	3.4	3.3	3.2	3.0	2.1	49.3
Automne.....	2.8	3.2	3.5	4.2	4.1	4.4	3.6	4.0	3.8	3.2	2.7	2.9	2.7	3.1	3.1	2.8	54.1
3, h. du soir.																	
Hiver.......	3.1	3.7	3.9	4.4	4.0	4.4	3.7	3.4	3.9	3.2	2.9	2.3	3.1	2.9	2.8	2.7	54.2
Printemps....	3.6	4.7	4.8	5.0	4.9	4.7	4.6	3.7	3.8	4.2	3.6	3.2	3.6	3.8	3.8	3.8	65.8
Été.........	3.1	4.3	4.4	4.2	4.3	3.7	2.5	2.3	=	2.0	2.8	2.8	3.1	3.1	3.1	3.3	49.0
Automne.....	3.0	3.6	3.7	3.6	4.0	3.4	3.3	2.8	2.9	3.0	2.5	2.6	2.5	2.5	2.8	2.8	49.0

Suite du rapport de l'Intensité à la Direction du Vent

TABLEAU N° 18.

RÉSUMÉ.

DIX ANS.

	N.	N-O-N.	N-O.	O-N-O.	O.	O-S-O.	S-O.	S-O-S.	S.	S-E-S.	S-E.	E-S-E.	E.	E-N-E.	N-E.	N-E-N.	TOTAL
6 h. du Soir.																	
Hiver	2.6	3.0	2.3	3.2	3.8	3.7	3.1	3.0	2.7	2.8	2.0	2.3	2.3	2.4	2.2	2.8	44.2
Printemps	2.9	3.8	3.9	3.4	3.6	3.7	3.5	2.5	3.0	2.8	2.3	2.0	2.2	2.4	2.7	2.5	47.2
Été	2.6	3.4	3.4	3.3	3.2	2.9	2.6	=	1.8	2.0	1.7	1.4	2.0	1.6	1.9	1.2	35.0
Automne	2.0	1.6	2.4	2.8	2.5	3.7	2.4	3.2	2.5	2.0	1.9	2.1	1.5	1.6	1.8	2.0	36.0
9 h. du Soir.																	
Hiver	2.6	3.1	2.6	4.5	4.2	3.6	3.4	3.6	3.3	2.4	2.3	2.3	1.9	2.4	2.6	2.7	47.8
Printemps	2.7	2.9	2.4	3.0	3.8	3.0	2.7	1.9	2.0	2.1	1.8	1.8	2.0	2.1	2.3	2.7	39.2
Été	2.0	2.2	2.1	2.1	2.5	2.3	2.2	1.7	1.5	1.6	1.5	1.8	1.4	1.4	1.5	2.6	30.4
Automne	2.5	1.9	2.7	3.0	3.7	3.5	2.8	1.8	2.6	2.3	1.8	2.1	1.8	1.7	2.0	2.1	38.4
Année.																	
6 h. du matin	1.8	1.9	2.4	3.1	3.0	2.8	2.5	2.5	2.3	1.6	1.8	1.7	2.0	1.9	2.1	2.1	35.5
9 h. id.	2.6	3.0	3.3	3.6	3.8	3.6	3.0	3.1	2.7	2.5	2.4	2.6	2.8	2.8	2.8	2.8	47.4
Midi.	3.2	3.4	4.1	4.4	4.4	4.3	3.8	4.3	3.7	3.4	2.8	3.0	3.1	3.3	3.3	3.00	57.5
3 h. du soir	3.2	4.2	4.4	4.4	4.4	4.0	3.6	3.2	3.3	3.2	2.9	2.6	3.0	3.1	3.1	3.1	55.7
6 h. id.	2.4	3.1	3.3	3.2	3.3	3.5	2.8	2.9	2.6	2.5	1.9	2.1	2.0	2.0	2.4	2.3	42.0
9 h. id.	2.5	2.5	2.4	2.9	3.3	2.9	2.7	2.8	2.0	2.1	1.9	2.1	1.8	2.0	2.4	2.6	38.9
Année	2.6	3.1	3.6	3.7	3.7	3.5	3.0	3.0	2.7	2.5	2.2	2.3	2.4	2.6	2.7	2.7	46.3
D'après les Totaux																	
Hiver	2.8	2.8	3.3	3.9	4.0	4.2	3.5	3.6	3.9	2.9	2.3	2.2	2.5	2.6	2.7	2.7	49.8
Printemps	3.0	3.8	4.0	4.1	4.1	3.6	3.4	2.9	2.9	2.8	2.5	2.3	2.6	3.0	3.1	3.0	51.1
Été	2.2	3.1	3.6	3.5	3.3	2.9	2.2	1.7	1.5	1.6	2.1	2.3	2.4	2.4	2.5	2.4	39.8
Automne	2.1	2.5	3.1	3.5	3.4	3.6	3.1	3.1	2.8	2.3	2.0	2.3	2.2	2.3	2.4	2.3	42.8

TABLEAU N° 19.

Baromètre à 6 heures du Matin

DIX ANS.   RÉSUMÉ.

	N.	N-O-N	N.-O.	O-N-O	O.	O-S-O	S.-O.	S-O-S	S.	S-E-S	S.-E.	E-S-E.	E.	E-N-E.	N.-E.	N-E-N	NUL.
Décembre	760.85 60.65	66.38	66.83	53.94	60.14	57.23	57.91	57.87	59.87	61.67	62.52	62.03	62.12	59.89	63.82	64.85
Janvier	62.82	60.71	62.95	57.43	61.30	53.46	57.00	38.32	58.40	63.93	64.22	63.88	59.51	61.82	64.67	60.63
Février	62.20	62.67	63.96	64.05	62.30	57.69	30.16	39.22	60.24	62.79	65.24	61.32	62.31	60.78	57.36	37.35
Mars	62.47	59.74	60.44	60.81	59.60	60.03	54.93	59.19	55.46	33.37	58.85	57.37	59.49	60.93	38.83	62.22	48.83
Avril	64.64	61.24	39.43	59.27	61.63	57.72	59.16	65.64	59.37	60.44	61.05	59.60	57.72	57.99	38.16	»
Mai	60.55	53.40	60.83	61.12	59.57	37.39	59.31	57.43	34.69	56.42	57.88	58.30	58.99	57.87	59.14	57.39	»
Juin	61.31	60.27	61.96	60.80	60.93	61.30	61.57	60.36	62.30	39.94	62.43	61.87	60.06	60.01	61.18	61.61	61.27
Juillet	66.62	63.46	61.41	62.71	60.13	60.74	59.87	58.27	64.00	61.03	63.40	61.48	60.57	59.39	60.33	69.46	59.60
Août	62.07	62.86	61.64	58.65	59.30	59.39	59.36	59.06	61.19	60.64	60.23	61.26	59.95	60.76	63.65	63.13	63.96
Septembre	60.57	58.67	59.89	61.45	66.09	39.97	58.44	38.74	36.39	59.55	60.78	39.20	60.16	62.93	60.74	61	68.98
Octobre	61.45	59.64	58.36	58.33	59.67	57.05	77.16	57.09	56.39	59.54	36.94	60.47	59.85	61.99	62.40	64.26	61.78
Novembre	61.82	60.55	53.67	62.15	59.81	37.31	55.00	53.64	36.38	37.85	53.87	60.39	59.86	60.93	61.23	57.93	61.99
Hiver	61.52	61.48	62.13	58.96	60.11	58.11	57.76	57.49	59.38	61.48	64.22	62.44	61.46	60.69	64.95	60.73
Printemps	62.49	59.25	60.92	60.44	39.43	39.37	57.28	37.02	35.27	38.82	55.68	59.35	61.16	38.72	59.53	48.83
Été	61.45	61.29	61.66	60.15	60.68	59.57	61.44	50.62	60.90	61.45	60.18	60.29	61.60	61.86	61.89
Automne	61.50	59.66	59.56	60.30	59.69	58.38	57.19	56.94	39.12	55.69	69.09	39.87	61.65	61.74	61	48	60.59
Année	762.13	61.03	60.46	59.87	58.99	38.32	57.62	57.61	59.00	59.93	61.10	60.33	60.34	60.71	51.51	60.68

Moyenne des 10 années à 6 heures du matin = 760.66.

Baromètre à 9 heures du Matin

Tableau N° 26.

Dix Ans

Résumé.

	N.	N-N-E.	N-E.	E-N-E.	E.	E-S-E.	S-E.	S-S-E.	S.	S-S-O.	S-O.	O-S-O.	O.	E-S-E.	N-E.	N-N-E.	N-E.
Décembre																	
Janvier																	
Février																	
Mars																	
Avril																	
Mai																	
Juin																	
Juillet																	
Août																	
Septembre																	
Octobre																	
Novembre																	
Hiver																	
Printemps																	
Été																	
Automne																	
Année																	

Moyenne des 10 années à 9 heures du matin = 760,55

Baromètre à Midi

TABLEAU N° 21.

DIX ANS.

RÉSUMÉ.

	N.	N-O-N.	N-O.	O-N-O.	O.	O-S-O.	S-O.	S-O-S.	S.	S-E-S.	S.-E.	E-S-E.	E.	E-N-E.	N-E.	N-E-N.	NUL.
Décembre......	759.85	63.69	61.09	59.44	58.32	58.69	60.07	56.75	58.55	53.91	62.27	59.88	61.97	61.85	61.34	62.66	61.62
Janvier.......	63.06	60.74	66.09	60.51	60.49	58.44	58.74	56.59	61.52	59.42	60.41	62.10	64.42	62.58	61.63	61.69	»
Février.......	64.46	60.20	63.21	61.74	62.21	62.37	60.64	56.64	58.21	58.69	60.77	63.01	66.74	62.92	64.21	63.28	»
Mars..........	62.79	58.35	60.66	61.23	59.05	58.85	54.39	52.85	49.52	55.11	58.60	59.79	60.25	58.21	61.88	60.53	»
Avril.........	58.38	64.95	60.87	59.92	60.75	57.42	52.75	52.22	57.55	56.70	57.43	60.19	59.18	60.30	60.85	62.16	»
Mai...........	58.78	59.43	61.11	59.62	58.70	57.43	55.99	52.40	53.95	52.77	56.03	53.89	61.06	58.23	59.42	61.07	»
Juin..........	62.76	60.64	61.98	62.02	61.12	60.76	58.65	57.83	56.77	58.45	59.46	60.95	60.60	58.07	61.12	61.03	»
Juillet.......	60.44	61.80	61.26	61.06	60.92	58.35	59.83	»	58.47	60.40	60.28	58.77	60.49	60.63	60.71	57.89	38.04
Août..........	63.24	60.90	60.76	60.73	60.60	60.51	58.80	»	61.53	60.30	60.66	59.52	60.24	60.98	61.39	61.23	57.35
Septembre.....	62.47	59.84	60.99	59.59	60.06	61.47	57.31	57.16	54.94	58.44	58.75	60.56	60.62	60.92	61.83	62.81	61.81
Octobre.......	62.91	58.82	60.11	58.88	59.30	59.09	57.25	57.18	56.51	57.89	62.20	38.90	58.53	64.99	60.74	63.12	»
Novembre......	63.15	64.91	60.42	60.65	60.30	57.88	33.82	35.48	53.98	36.09	60.04	58.31	39.90	58.45	60.82	64.21	»
Hiver.........	61.80	61.64	64.21	60.80	60.40	60.01	59.75	56.65	59.31	56.98	61.23	61.50	64.04	62.43	62.07	62.76	61 62
Printemps.....	60.28	59.83	60.90	59.94	59.48	57.98	54.43	52.60	52.73	54.61	57.33	58.32	60.29	58.71	60.84	61.16	»
Été...........	62.20	61.03	61.37	61.35	59.80	59.17	57.85	57.85	58.42	59.98	60.22	59.70	60.44	60.12	61.08	60.56	57.90
Automne.......	62.94	60.73	60.54	59.68	59.77	59.41	36.78	56.53	55.11	57.08	60.48	59.25	59.39	61.00	61.05	63.62	61.81
Année.........	61.77	60.74	61.37	60.49	60.16	59.34	57.60	55.72	56.54	56.91	60.02	59.86	61.34	60.70	61.26	62.11	60.08

Moyenne des 10 années à midi = 760,23.

Baromètre à 3 heures du Soir

TABLEAU N° 22. DIX ANS. RÉSUMÉ.

	N.	N-0-N.	N.-0.	0-N-0.	0.	0-S-0.	S.-0.	S-0-S.	S.	S-S-E.	S.E.	E-S-E.	E.	E-N-E.	N.-E.	N-E-N.	NUL.
Décembre	764.14	62.10	60.32	60.93	61.49	38.58	58.00	57.88	52.56	55.97	62.61	59.94	61.82	62.50	60.30	62.37	63.12
Janvier	63.04	63.94	62.90	60.34	59.91	60.41	57.90	57.02	37.02	59.05	59.04	63.34	63.03	60.99	62.24	63.08	64.24
Février	62.97	62.35	61.44	64.06	62.72	61.46	58.93	54.17	57.41	57.33	58.39	60.84	64.03	64.03	63.41	64.02	»
Mars	56.90	62.42	60.21	62.07	58.62	56.05	52.00	50.94	50.78	53.99	47.10	54.59	59.11	57.83	59.91	59.81	»
Avril	60.38	59.67	60.33	60.32	59.07	60.94	53.27	43.87	51.54	53.46	57.71	64.03	59.80	58.34	58.56	60.64	56.57
Mai	52.71	60.70	59.63	59.58	58.59	58.28	54.06	53.08	54.87	46.16	56.39	57.35	56.89	58.01	57.83	59.20	»
Juin	59.91	62.25	61.30	62.16	60.97	56.97	57.99	60.35	57.03	55.07	57.72	58.90	59.93	59.46	58.92	64.42	»
Juillet	59.21	62.08	61.32	60.68	59.98	59.88	58.52	»	54.24	58.74	57.90	59.13	57.57	58.95	60.57	63.87	58.42
Août	60.19	62.84	60.60	60.41	60.38	61.82	59.21	»	»	57.66	59.66	59.85	59.02	58.84	58.91	60.39	60.47
Septembre	58.86	61.15	60.25	60.43	60.65	58.42	56.36	54.35	54.10	51.65	56.43	59.45	59.02	61.43	60.47	58.35	61.82
Octobre	63.24	59.02	60.23	59.80	58.73	58.68	57.50	57.31	55.60	46.77	57.90	57.93	57.04	58.72	61.47	63.52	62.10
Novembre	63.36	59.02	60.53	58.80	60.70	58.18	55.80	55.80	51.85	52.45	56.93	60.10	58.62	59.53	60.45	61.47	»
Hiver	63.49	62.92	62.37	62.04	61.33	60.13	58.24	57.31	58.53	57.69	60.44	61.02	62.30	62.66	61.84	63.10	63.71
Printemps	56.47	61.34	60.03	60.63	58.76	58.47	52.96	50.85	52.35	53.01	54.12	56.24	58.23	58.07	58.69	58.22	56.57
Été	59.71	62.33	61.08	61.23	60.41	59.36	58.60	60.35	55.36	56.87	58.48	59.30	58.82	58.98	59.46	63.09	59.45
Automne	61.88	60.14	60.29	59.88	59.85	58.48	56.58	55.79	53.89	51.80	57.04	59.16	58.89	60.00	60.75	61.36	61.96
Année	60.99	61.44	60.73	60.94	59.98	59.20	56.84	57.84	54.30	55.35	58.20	59.42	59.49	59.99	60.49	61.36	61.19

Moyenne des 10 années à 3 heures du soir = 759,76.

Baromètre à 6 heures du Soir

RÉSUMÉ.

TABLEAU N° 23.

DIX ANS.

	N.	N.-N.-O.	N.-O.	O.-N.-O.	O.	O.-S.-O.	S.-O.	S.-O.-S.	S.	S.-S.-E.	S.-E.	E.-S.-E.	E.	E.-N.-E.	N.-E.	N.-N.-E.	NUL.
Décembre	764.5	63.32	38.63	59.09	60.31	54.93	56.86	57.83	56.44	57.56	62.28	62.43	61.66	58.86	63.09	66.51	62.90
Janvier	60.89	62.38	62.63	58.97	60.37	59.15	57.34	58.76	59.23	62.35	62.98	61.84	59.33	61.54	65.74	65.38	
Février	62.59	68.40	64.19	66.21	63.27	60.63	59.61	59.13	55.81	59.84	38.97	39.98	61.89	64.69	59.90	60.36	
Mars	59.72	59.22	59.96	63.13	60.20	58.33	49.41	49.83	31.53	53.52	33.47	53.06	36.44	61.20	36.44	68.04	
Avril	59.43	61.96	60.10	61.92	59.64	60.23	56.08	54.10	50.33	56.77	34.00	54.62	57.41	59.70	58.84	56.47	55.20
Mai	58.76	60.71	60.23	59.41	58.48	56.61	56.74	52.49	52.86	53.20	57.81	57.49	53.80	57.89	57.90	»	
Juin	59.87	57.62	62.16	61.94	60.18	57.69	57.17	55.47	53.47	»	57.40	60.10	60.39	57.39	59.79	39.74	»
Juillet	61.28	61.43	61.15	60.68	59.72	39.01	30.89	56.13	36.79	57.34	58.83	39.22	57.92	38.23	59.34	62.16	58.14
Août	58.48	61.89	61.23	59.37	59.93	60.49	59.23	»	58.69	»	58.96	55.20	58.53	60.00	58.42	58.33	57.99
Septembre	60.12	58.89	61.00	54.46	60.23	57.98	54.85	56.95	56.95	55.43	56.86	57.42	58.68	59.34	60.27	59.88	60.04
Octobre	62.56	62.46	61.46	58.88	60.02	58.95	60.47	59.10	55.38	53.07	57.48	54.92	59.39	60.46	61.52	62.14	57.23
Novembre	63.57	60.02	61.21	39.99	58.46	57.79	53.33	34.90	58.24	59.35	57.34	52.42	57.61	59.94	62.25	64.17	59.90
Hiver	61.45	64.78	62.73	62.35	61.44	58.38	58.99	57.84	58.03	57.47	61.62	61.89	61.25	59.73	63.22	64.55	62.89
Printemps	59.33	60.28	66.11	61.29	59.48	58.57	56.12	51.07	51.44	53.30	53.33	56.49	55.97	57.43	59.38	56.69	62.17
Été	59.95	61.93	61.49	61.41	59.95	59.03	58.99	57.33	57.23	57.34	38.09	59.74	58.68	58.72	59.06	60.50	55.03
Automne	62.39	69.73	61.18	66.27	59.55	53.73	39.69	56.17	57.13	37.86	37.28	54.39	58.50	39.90	61.52	63.04	59.07
Année	61.27	61.34	61.44	61.22	60.09	58.64	58.34	56.24	56.77	56.98	58.34	38.53	59.03	38.99	61.41	61.97	60.48

Moyenne des 10 années à 6 heures du soir = 760,02.

Baromètre à 9 heures du Soir

TABLEAU N° 24.

RÉSUMÉ.

DIX ANS.

	N.	N-O-N	N.-O.	O-N-O	O.	O-S-O.	S.-O.	S-O-S.	S.	S-E-S.	S.-E.	E-S-E.	E.	E-N-E.	N.-E.	N-E-N	NUL.
Décembre......	763.26	62.51	59.64	57.74	60.59	54.25	57.86	58.78	57.50	62.14	61.04	63.20	61.09	64.53	62.25	63.51	61.62
Janvier........	64.50	64.19	62.69	61.21	60.17	59.95	58.73	57.69	59.60	58.41	61.48	61.94	63.51	61.16	60.55	64.31	63.59
Février........	62.50	64.76	64.02	61.51	54.38	63.86	59.04	61.98	57.43	60.38	61.02	60.15	62.74	60.97	63.29	64.02	67.11
Mars..........	63.71	59.95	59.88	60.19	60.59	60.07	58.18	56.34	56.34	52.06	56.52	59.74	60.11	59.30	58.99	59.16	36.20
Avril..........	63.14	59.64	61.75	59.34	59.42	62.43	59.68	60.37	58.77	58.33	56.78	58.33	58.74	60.37	59.37	61.10	64.08
Mai...........	58.59	60.56	59.02	62.13	59.09	59.09	58.27	59.39	59.51	39.96	56.95	58.52	57.11	57.09	59.16	58.81	60.02
Juin..........	61.30	59.87	62.67	63.66	61.94	61.05	61.15	59.99	61.89	»	61.73	59.76	61.63	58.02	60.43	60.73	61.45
Juillet........	62.13	60.78	61.64	61.06	60.32	61.67	60.46	59.51	61.15	60.70	61.28	59.35	60.37	60.18	60.25	61.38	61.09
Août..........	62.03	61.24	61.17	62.15	60.98	58.89	61.49	61.55	60.08	60.73	61.57	39.18	39.69	39.46	61.10	62.65	61.39
Septembre.....	62.08	60.80	62.22	61.06	59.50	59.50	59.99	57.42	58.35	59.81	59.45	57.70	60.03	59.32	61.24	60.15	60.43
Octobre........	61.37	63.18	61.89	57.98	58.04	58.30	60.57	60.19	58.87	33.21	59.92	60.02	58.30	62.85	62.85	61.74	52.77
Novembre......	63.80	56.17	59.93	61.79	61.35	58.20	55.14	57.87	55.20	56.08	56.83	58.01	60.79	61.72	63.04	63.15	62.39
Hiver..........	63.40	63.95	62.78	60.22	61.79	60.30	58.55	59.23	57.98	60.31	61.19	61.71	63.29	62.31	62.00	63.85	64.94
Printemps......	62.35	60.01	60.02	60.77	59.97	60.48	58.06	59.05	38.22	56.81	56.74	58.87	58.62	58.60	59.20	59.71	60.51
Été...........	61.86	60.71	64.74	61.91	61.11	60.91	61.05	60.68	60.60	60.71	61.34	59.45	60.69	59.32	60.63	61.60	61.32
Automne.......	62.12	61.31	60.81	60.71	59.88	58.60	60.66	58.65	57.45	56.93	38.92	58.55	59.74	61.04	62.64	62.27	60.32
Année.........	62.39	60.96	61.12	61.11	60.74	60.26	59.29	59.60	58.54	58.59	56.18	59.70	60.64	60.62	61.61	61.76	61.85

Moyenne des 10 années à 9 heures du soir = 760,40.

Température de l'Air à 6 heures du Matin

TABLEAU N° 25.

DIX ANS.

RÉSUMÉ.

	N.	N-O-N	N.O.	O-N-O	O.	O-S-O	S.-O.	S-O-S	S.	S-E-S	S.-E.	E-S-E.	E.	E-N-E.	N.E.	N-E-N.	NUL.
Décembre	3.28	3.22	7.34	7.07	10.32	8.83	8.93	9.47	9.39	3.50	2.75	1.07	0.97	1.49	0.37	1.14	3.80
Janvier	0.63	1.84	7.48	7.58	9.74	8.30	6.87	9.29	8.35	4.82	3.99	2.44	1.65	0.45	1.33	0.77	6.36
Février	3.06	6.46	5.60	8.10	8.07	8.20	8.38	8.10	6.87	3.71	3.20	1.63	2.35	2.72	3.02	1.80	1.71
Mars	3.87	5.42	6.74	8.58	8.57	6.71	7.47	9.97	8.56	8.72	6.35	5.38	4.43	1.80	3.19	4.03	0.30
Avril	4.74	»	9.08	10.10	11.03	8.51	10.31	7.70	9.12	7.76	7.75	7.15	7.40	9.08	7.20	6.64	»
Mai	11.01	9.00	11.25	13.27	12.83	13.12	12.85	14.18	12.55	13.47	12.36	13.25	13.44	12.40	12.23	11.67	»
Juin	14.07	14.66	15.23	15.61	16.07	16.37	15.97	15.96	15.38	13.45	14.68	14.33	15.77	15.58	14.27	14.00	17.70
Juillet	16.38	17.96	17.36	18.18	18.38	18.33	18.04	18.03	17.70	17.14	16.68	16.48	17.57	15.96	17.10	16.86	17.85
Août	15.50	16.30	15.38	19.24	17.61	18.94	17.29	17.28	16.17	17.31	15.73	15.41	16.36	16.37	14.92	15.54	17.28
Septembre	15.37	14.76	14.83	16.93	15.92	15.95	16.42	14.98	15.98	15.40	13.61	13.05	14.45	10.22	13.74	15.83	13.62
Octobre	9.14	9.44	11.80	9.62	13.43	12.13	12.76	11.29	13.82	10.44	10.27	8.96	8.82	9.45	9.02	6.20	8.40
Novembre	3.80	8.52	8.50	6.86	11.34	11.10	10.05	12.93	11.62	10.65	5.48	4.97	4.14	4.60	4.37	7.70	3.00
Hiver	2.63	2.83	6.43	8.05	9.25	8.35	8.03	9.18	8.32	4.19	3.92	1.76	1.70	1.47	1.47	1.17	3.45
Printemps	6.33	5.84	9.46	10.94	11.05	9.99	10.28	10.77	9.99	10.10	9.14	8.26	8.32	7.96	7.41	7.31	0.30
Été	13.20	16.30	15.86	17.05	17.44	17.56	17.06	16.75	16.57	16.28	18.77	15.49	16.66	16.00	15.36	15.01	17.50
Automne	9.46	10.40	11.94	10.99	13.53	13.35	13.53	12.97	14.05	12.30	10.04	8.32	9.20	7.40	8.30	8.27	8.87
Année	8.21	9 20	11.81	13.01	13.21	13 19	12.73	12.53	12.11	11.52	9.51	7.87	8.31	7.37	7.62	7.44	8.67

Moyenne des 10 années à 6 heures du matin = 10,02.

Température de l'Air à 9 heures du Matin

TABLEAU N° 26.

DIX ANS

RÉSUMÉ.

	N.	N-O-N.	N-O.	O-N-O.	O.	O-S-O.	S.-O.	S-O-S.	S.	S-E-S.	S.-E.	E-S-E.	E.	E-N-E.	N.-E.	N-E-N.	NUL.
Décembre......	4.78	7.40	6.87	10.08	9.92	9.99	9.61	9.13	8.86	6.56	6.30	3.25	3.59	0.11	2.07	2.06	9.05
Janvier.......	2.87	2.13	8.75	10.14	9.60	8.72	8.85	10.22	6.66	8.32	5.27	3.88	4.51	3.84	9.03	1.50	11.60
Février.......	6.11	6.28	7.00	9.36	8.66	9.59	10.25	8.15	8.81	8.86	7.07	7.49	6.31	5.53	4.61	5.03	9.80
Mars.........	7.07	7.05	10.28	11.35	10.83	11.18	9.80	12.35	12.75	11.45	10.06	10.07	11.97	8.30	7.43	3.71	3.70
Avril........	12.22	12.52	12.48	12.23	13.77	13.43	12.98	14.00	14.07	13.08	14.25	14.08	16.13	16.70	12.08	12.46	»
Mai..........	13.37	17.63	16.00	16.93	15.01	15.24	18.31	16.44	19.74	14.03	19.87	20.03	19.09	20.02	19.08	19.20	16.40
Juin.........	19.67	18.11	18.35	18.10	19.23	17.97	18.38	19.98	19.16	15.35	20.19	22.30	20.62	22.30	20.50	20.37	23.50
Juillet.......	23.02	21.03	21.54	24.99	22.25	21.23	20.36	19.85	22.42	21.23	23.88	21.89	23.21	24.00	22.00	21.78	22.52
Août.........	20.84	22.38	22.11	21.87	21.16	20.64	20.81	20.84	21.90	23.35	22.80	23.33	22.82	21.26	21.45	21.35	18.90
Septembre ...	20.44	19.80	19.49	20.83	19.25	19.78	19.33	19.28	19.30	20.07	20.16	20.49	20.96	19.68	19.11	18.90	18.20
Octobre.......	13.32	12.81	16.18	15.39	18.39	15.39	14.51	14.97	15.02	16.91	13.89	13.17	14.74	14.42	13.89	14.43	»
Novembre......	9.28	9.12	12.43	13.90	13.70	11.38	11.13	12.28	11.74	8.96	5.84	8.09	7.05	7.95	6.07	7.74	»
Hiver........	2.93	6.14	7.63	9.66	9.44	9.31	9.55	9.59	8.41	7.80	6.31	4.97	4.56	3.20	2.30	3.32	9.87
Printemps.....	10.74	14.05	13.41	13.14	13.64	13.12	13.30	13.90	14.79	12.67	13.93	16.56	16.17	13.88	13.71	8.97	11.05
Été..........	21.15	20.63	20.73	20.14	20.94	20.31	20.51	20.21	20.69	19.95	22.74	22.50	22.23	22.58	21.26	24.15	22.14
Automne......	13.62	14.26	16.81	17.00	16.46	13.99	13.84	15.11	15.44	14.07	12.86	13.66	13.92	13.44	11.87	11.27	18.20
Année.	12.49	14.74	16.53	15.50	16.17	15.06	14.47	14.08	14.07	12.84	13.03	11.94	12.62	12.14	12.09	11.80	10.77

Moyenne des 10 années à 9 heures du matin = 13,76.

Température de l'Air à Midi

Tableau N.° 27.

Résumé.

Dix Ans

	N.	N-O-N.	N.-O.	O-N-O.	O.	O-S-O.	S.-O.	S-O-S.	S.	S-E-S.	S.-E.	E-S-E.	E.	E-N-E.	N.-E.	N-E-N.	NUL.
Décembre	4.98	7.72	8.74	10.31	11.26	11.74	12.33	13.27	12.78	11.16	8.08	6.61	6.45	7.36	5.26	3.95	9.23
Janvier	7.48	7.62	8.40	10.95	8.04	11.01	10.59	13.41	13.19	12.47	9.38	11.38	9.01	8.19	5.18	5.69	»
Février	9.43	1.78	11.79	13.22	12.94	13.19	11.99	15.87	13.08	14.96	11.65	12.89	12.05	10.85	8.60	8.13	»
Mars	9.61	9.60	11.11	12.36	12.62	13.12	13.94	14.33	16.25	16.34	15.71	12.13	12.82	15.56	12.52	11.61	»
Avril	13.76	13.62	13.66	14.54	15.73	13.43	14.90	14.22	16.56	20.98	20.56	21.35	20.91	18.32	17.55	16.91	»
Mai	21.68	16.40	18.33	19.46	18.07	17.69	18.70	24.10	20.80	22.60	22.10	23.81	22.95	22.84	23.67	19.32	»
Juin	23.42	20.78	20.11	20.19	20.93	20.00	20.73	13.00	19.70	22.20	26.00	25.61	24.45	25.68	25.47	22.70	
Juillet	23.77	23.62	23.28	23.65	23.84	23.66	23.97	»	26.17	23.40	28.21	27.42	27.11	26.00	26.93	24.40	28.35
Août	24.35	26.61	23.63	22.81	22.42	22.21	23.92	»	23.30	24.33	25.70	28.50	28.09	26.91	26.18	26.12	23.00
Septembre	21.02	23.78	21.93	20.46	21.81	19.78	23.21	17.26	23.63	22.96	24.88	25.11	25.93	24.88	24.19	25.12	21.40
Octobre	17.50	13.54	16.24	16.89	16.50	16.60	17.54	17.42	20.70	19.34	18.87	20.37	19.78	18.61	19.68	16.97	»
Novembre	11.26	11.08	13.31	12.53	13.44	13.89	14.04	11.51	16.28	15.66	14.40	11.72	10.47	10.89	11.94	11.47	»
Hiver	6.73	8.23	10.14	11.80	10.68	11.99	11.62	14.21	12.96	12.74	9.49	9.99	8.76	8.69	5.94	6.61	9.23
Printemps	13.46	12.88	14.77	15.86	15.42	14.95	15.70	16.87	17.37	20.34	19.40	19.85	19.52	19.44	17.36	14.41	»
Été	24.43	24.02	22.26	22.10	22.33	22.15	23.20	13.00	23.91	23.76	26.54	27.44	26.62	26.37	26.19	23.94	27.68
Automne	14.90	19.20	17.83	17.11	17.52	16.63	18.38	15.21	20.11	18.95	19.42	18.97	18.50	18.99	17.63	15.38	21.40
Année	14.17	16.98	17.94	17.64	16.83	16.14	16.34	15.12	17.12	17.87	17.56	18.14	17.43	17.32	16.80	14.07	20.83

Moyenne des 10 années à midi = 17,04.

Température de l'Air à 3 heures du Soir

Tableau N° 28. DIX ANS. RÉSUMÉ.

	N.	N.-O-N.	N.-O.	O.-N.-O.	O.	O.-S.-O.	S.-O.	S.-O.-S.	S.	S.-E-S.	S.-E.	E.-S.-E.	E.	E.-N.-E.	N.-E.	N.-E-N.	NUL.
Décembre	3.15	3.90	8.43	9.89	11.33	10.33	8.95	12.20	12.13	8.70	7.73	7.57	8.57	5.40	6.32	5.07	»
Janvier	3.61	7.70	9.57	10.35	10.78	10.77	10.15	10.97	14.81	11.34	8.31	12.60	9.51	11.32	9.04	7.62	10.40
Février	9.09	9.23	12.04	12.13	12.87	12.71	14.19	8.80	16.19	16.30	11.38	10.98	12.02	11.77	11.57	10.79	»
Mars	11.28	11.44	11.69	12.47	11.54	12.94	15.20	15.10	18.98	18.22	17.54	13.10	13.73	6.77	14.29	12.03	»
Avril	12.45	13.63	13.16	14.46	14.31	13.43	14.90	15.40	20.38	20.83	21.42	»	19.36	23.11	20.47	22.42	»
Mai	18.15	20.28	18.17	17.51	18.07	18.73	22.46	16.33	26.11	24.05	22.01	22.65	24.16	24.39	23.29	28.23	»
Juin	23.94	20.87	20.43	20.44	21.30	18.16	20.80	22.16	13.80	24.40	28.92	23.39	23.92	22.65	28.43	26.72	»
Juillet	27.06	22.27	23.82	23.79	23.69	22.03	24.98	»	21.36	27.26	30.58	29.35	28.04	30.98	28.92	»	35.05
Août	28.01	22.73	23.75	23.10	23.03	21.29	27.20	»	»	25.10	26.00	30.60	28.30	29.42	28.75	23.83	24.70
Septembre	22.53	24.05	22.00	20.70	20.63	20.25	23.32	24.84	22.06	21.02	25.10	26.23	26.50	26.57	25.43	23.11	19.00
Octobre	17.59	17.03	16.61	16.63	15.45	14.77	16.60	15.15	19.84	19.20	19.06	22.06	20.28	20.06	19.98	17.62	17.00
Novembre	12.04	11.77	13.26	11.99	13.37	10.07	12.93	12.23	14.40	16.53	12.60	9.39	13.00	13.97	11.99	10.66	»
Hiver	6.13	7.82	10.59	11.01	11.63	11.39	10.85	11.51	14.24	12.96	8.86	10.09	9.78	9.24	8.73	7.65	10.40
Printemps	14.31	14.75	13.21	14.90	14.29	16.43	16.73	13.60	21.97	19.52	20.47	19.46	20.02	19.96	19.83	17.71	6.10
Été	26.35	21.71	22.81	22.20	22.69	20.83	24.36	22.16	18.46	25.31	28.33	27.48	27.56	29.08	28.53	23.42	29.87
Automne	16.58	18.12	18.58	17.48	16.18	13.70	16.81	16.62	18.24	18.30	20.03	20.04	19.84	19.61	15.44	13.33	18.00
Année	14.34	17.09	18.39	17.30	16.48	15.33	14.74	14.00	17.46	17.11	17.37	19.04	18.91	18.43	16.65	14.05	19.28

Moyenne des 10 années à 3 heures du soir = 17,08.

Température de l'Air à 6 heures du Soir

TABLEAU N° 29. DIX ANS. RÉSUMÉ.

	N.	N.-N.	N.-O.	O.-N.-O.	O.	O.-S.-O.	S.-O.	S.-O.-S.	S.	S.-E.-S.	S.-E.	E.S.E.	E.	E.N.E.	N.-E.	N.-E.-N.	NUL.
Décembre.	4.07	3.04	7.91	8.70	10.72	8.86	8.50	11.71	9.40	3.57	4 27	3.48	4.72	4.75	2.12	3.13	6.53
Janvier.	3.68	4.35	7.71	7.62	9.22	8.96	8.76	8.58	8.17	8.10	8.06	5.82	6.17	4.90	4.62	3.84	7.38
Février.	6.38	6.80	8.94	8.69	9.04	9.21	9.90	11.27	9.93	10.66	9.10	9.59	7.80	11.01	8.78	8.90	4.35
Mars.	8.92	7.65	9.28	9.70	9.93	10.42	9.11	12.13	16.76	14.38	12.73	14.68	12.69	12.60	9.86	10.66	8.30
Avril.	13.44	12.89	12.16	12.44	12.40	11.96	12.71	18.40	12.50	16.33	12.28	15.30	19.25	16.61	17.20	12.76	20.70
Mai.	13.73	13.76	13.71	15.15	15.98	15.21	17.10	16.07	21.83	20.25	18.49	22.70	21.42	22.19	22.76	20.83	»
Juin.	17.36	19.82	17.93	18.60	19.33	18.47	17.74	14.90	19.90	»	22.04	24.70	23.79	22.32	23.51	18.70	»
Juillet.	19.48	21.33	21.23	20.63	21.25	21.06	21.32	19.00	26.50	23.20	28.61	22.50	27.27	28.12	23.00	21.47	31.03
Août.	23.01	20.62	20.39	20.87	21.19	19.73	21.45	»	25.73	»	23.90	30.35	23.08	24.31	23.35	21.16	26.12
Septembre.	20.03	19.71	18.36	17.81	17.86	19.09	17.69	19.36	20.86	19.15	18.98	19.74	20.27	20.47	21.00	17.50	17.94
Octobre.	13.58	12.07	13.20	12.89	13.48	13.03	13.82	16.07	15.43	13.79	14.49	13.72	12.63	13.51	14.19	13.86	11.80
Novembre.	6.71	8.95	9.92	12.13	10.84	10.72	9.81	11.10	10.30	10.54	9.44	10.66	8.28	9.14	7.72	7.62	10.48
Hiver.	4.33	4.90	8.37	8.15	9.58	9.02	8.99	10.54	8.91	7.92	7.07	5.95	5.81	6.03	3.25	4.84	6.46
Printemps.	12.17	10.53	12.72	12.53	12.73	12.33	12.85	14.78	17.94	16.16	14.66	19.02	18.27	17.48	16.20	13.20	11.60
Été.	19.93	20.60	19.92	19.94	20.58	20.03	20.42	15.92	24.66	23.20	23.98	23.06	25.63	24.84	24.72	22.31	27.52
Automne.	12.20	14.02	13.73	14.69	15.19	15.07	12.62	14.41	14.72	13.92	13.88	14.08	14.08	13.91	13.15	10.42	14.09
Année.	10.65	13.94	13.82	15.37	15.26	13.98	12.76	12.47	13.61	12.14	12.90	12.82	14.80	14.23	12.21	10 04	12.55

Moyenne des 10 années à 6 heures du soir = 13.96.

Température de l'Air à 9 heures du Soir

TABLEAU N° 30. DIX ANS. RÉSUMÉ.

	N.	N-O-N.	N.-O.	O-N-O.	O.	O-S-O.	S.-O.	S-S-O.	S.	S-E-S.	S.-E.	E-S-E.	E.	E-N-E.	N.-E.	N-E-N.	NUL.
Décembre	1.64	3.36	5.01	6.66	10.31	8.33	8.07	11.68	8.13	6.42	1.69	1.31	3.74	4.80	1.53	0.97	7.73
Janvier	3.80	1.90	5.66	8.75	8.65	8.48	8.31	7.37	10.44	8.17	3.06	4.49	4.67	2.91	2.04	3.60	3.68
Février	4.53	5.22	6.45	5.76	9.09	8.80	7.69	7.86	10.09	9.06	6.95	6.74	6.06	4.40	5.31	6.28	5.31
Mars	5.89	6.79	6.33	9.71	8.67	7.40	9.17	9.42	8.58	11.90	10.42	9.76	7.39	10.13	6.12	7.38	9.40
Avril	7.20	10.17	8.86	10.04	10.62	10.30	10.77	8.70	10.15	6.07	11.54	11.74	13.17	13.64	12.32	9.61	9.32
Mai	11.19	13.88	13.13	12.90	13.96	14.00	13.93	12.58	12.80	13.17	12.61	12.87	13.51	15.41	16.91	12.95	12.61
Juin	15.83	14.75	15.12	14.91	12.41	15.67	16.35	15.31	14.95	»	14.40	16.73	15.58	19.16	17.45	14.30	15.99
Juillet	17.72	19.10	17.94	17.80	18.51	18.39	18.50	19.25	16.49	17.49	17.49	17.06	19.22	17.36	17.00	17.28	16.10
Août	16.74	16.98	17.16	17.14	18.71	18.61	17.57	17.49	18.37	16.28	12.64	18.68	17.88	19.97	18.86	16.53	16.85
Septembre	15.20	15.66	16.46	15.33	16.13	18.35	16.09	17.32	16.64	16.33	16.63	16.64	17.06	17.90	16.97	16.50	14.32
Octobre	10.73	10.45	11.29	14.02	12.81	14.82	11.76	13.06	12.68	14.44	12.86	12.80	12.10	12.01	11.24	10.96	11.64
Novembre	6.06	9.46	8.63	9.95	12.23	12.48	10.67	9.77	10.09	11.11	8.42	6.83	6.76	7.04	6.27	6.74	9.46
Hiver	3.13	3.81	5.91	7.16	9.42	8.57	8.06	9.27	9.36	7.84	4.92	4.42	4.88	4.23	2.59	2.89	6.20
Printemps	7.47	9.58	9.78	11.21	10.97	11.16	11.27	10.74	10.64	11.24	11.45	11.53	11.82	13.58	11.85	8.62	10.20
Été	16.78	16.72	16.73	16.54	16.00	17.40	17.53	17.11	16.72	16.42	14.82	17.68	17.35	19.12	17.87	16.62	16.35
Automne	10.84	12.54	12.85	13.64	13.62	15.65	13.63	12.82	13.32	14.10	13.16	11.40	11.58	12.30	9.78	9.46	12.50
Année	9.92	11.48	12.57	13.20	12.92	14.14	13.11	11.82	12.37	11.88	10.55	10.09	10.06	10.97	8.23	8.19	11.62

Moyenne des 10 années à 9 heures du soir = 11,52.

Tension de la Vapeur d'Eau à 6 heures du Matin

Tableau N° 31.

DIX ANS. — RÉSUMÉ.

	N.	N-N-O.	N-O.	O-N-O.	O.	O-S-O.	S-O.	S-S-O.	S.	S-S-E.	S-E.	E-S-E.	E.	E-N-E.	N-E.	N-N-E.	NUL.
Décembre	5.41	4.86	7.20	6.73	8.06	7.00	7.06	6.66	6.34	5.19	5.30	4.71	4.80	4.88	4.67	4.43	6.37
Janvier	4.75	3.57	7.06	7.28	7.98	6.66	6.16	5.89	6.11	5.10	5.37	5.20	4.88	4.41	4.92	4.57	7.23
Février	5.33	6.51	6.39	7.30	7.13	7.11	6.79	5.55	3.66	5.41	3.91	4.81	4.99	4.97	3.26	4.74	4.86
Mars	5.23	5.86	6.53	7.41	7.58	6.95	6.57	7.34	6.38	6.72	6.27	6.18	8.65	4.54	5.31	5.52	4.42
Avril	5.90	»	7.66	8.31	8.77	7.74	7.67	7.09	7.48	7.26	7.30	6.95	7.08	7.72	6.70	6.79	»
Mai	8.27	7.77	8.93	10.10	9.94	10.17	9.82	10.61	9.17	10.01	9.55	10.06	10.06	8.87	8.87	9.01	»
Juin	10.52	10.49	11.29	11.86	12.19	12.01	12.12	12.35	11.84	10.55	11.13	10.79	11.33	11.01	10.16	9.34	12.88
Juillet	12.60	13.55	12.97	13.77	14.13	13.86	14.03	13.90	13.79	13.65	12.98	12.29	13.47	11.50	12.97	12.09	14.58
Août	12.03	12.98	12.42	14.95	13.38	14.82	13.45	13.59	12.63	13.53	12.51	12.39	12.94	12.98	11.66	10.38	13.35
Septembre	12.06	11.78	11.76	13.71	12.20	12.27	12.24	10.84	10.25	11.70	11.09	10.64	11.53	8.52	10.67	12.55	11.34
Octobre	8.29	8.51	9.63	10.17	10.56	9.93	9.42	8.77	9.40	8.59	8.87	8.27	7.95	8.15	8.03	6.97	8.31
Novembre	5.72	7.98	7.94	7.72	9.23	8.86	7.43	6.89	7.44	8.21	6.31	6.15	5.81	6.01	5.87	7.43	5.71
Hiver	5.24	5.09	6.73	7.19	7.67	6.87	6.63	6.18	6.07	5.23	5.52	4.92	4.89	4.73	4.94	4.64	5.90
Printemps	6.35	6.08	7.93	8.78	8.89	8.56	8.12	8.33	7.54	8.03	7.85	7.58	7.36	7.12	6.94	7.04	4.42
Été	11.64	12.45	12.27	12.98	13.31	13.52	13.16	12.99	12.89	12.81	12.29	11.91	12.71	11.93	11.55	10.48	13.52
Automne	8.68	9.11	9.92	10.49	10.64	10.33	10.05	9.09	9.20	9.69	8.91	7.98	8.46	7.25	7.82	8.27	8.74
Année	7.88	8.38	9.68	10.39	10.40	10.48	9.89	9.16	8.79	9.43	8.57	7.79	8.08	7.35	7.62	7.24	8.71

Moyenne des 10 années à 6 heures du matin = 8,60.

Tension de la Vapeur d'Eau à 6 heures du Matin

TABLEAU N° 32.

RÉSUMÉ.

DIX ANS.

	N.	N-O-N.	N-O.	O-N-O.	O.	O-S-O.	S-O.	S-O-S.	S.	S-S-E.	S-E.	E-S-E.	E.	E-N-E.	N-E.	N-E-N.	NUL.
Décembre	4.94	6.93	6.55	7.40	7.99	7.74	7.11	6.42	6.24	5.68	6.08	5.57	5.36	4.17	4.87	4.71	6.72
Janvier	5.22	4.56	7.58	7.63	7.48	6.91	7.02	6.50	6.59	6.63	5.68	5.30	5.50	5.32	4.38	4.48	8.55
Février	6.04	6.18	6.22	7.71	6.99	7.66	6.85	7.02	5.08	5.83	6.11	5.92	5.54	5.55	5.37	5.41	8.32
Mars	6.00	6.30	7.12	8.17	7.82	7.46	6.45	7.15	6.64	5.98	6.67	6.89	7.54	5.97	5.84	5.00	»
Avril	6.95	8.42	7.97	8.64	8.86	8.04	7.21	8.43	7.53	6.84	8.19	8.04	8.91	8.23	7.12	6.93	»
Mai	9.29	9.34	10.06	9.54	10.26	9.63	10.23	8.70	8.70	9.77	10.09	11.27	11.10	10.82	10.13	9.36	12.97
Juin	12.07	11.03	11.69	11.87	12.58	12.13	11.87	11.98	11.51	9.80	11.72	13.16	12.78	12.66	10.75	10.62	14.25
Juillet	15.20	12.41	14.00	14.10	14.90	13.72	13.42	12.54	13.46	13.13	14.97	14.30	14.44	14.04	13.66	13.74	15.58
Août	12.81	13.46	14.49	14.53	14.42	13.41	14.18	13.67	14.55	14.82	14.31	13.12	14.59	12.97	12.91	11.37	9.06
Septembre	13.54	12.66	12.92	12.91	13.15	12.97	12.72	11.52	10.62	11.82	13.18	13.83	13.73	12.45	11.90	13.26	»
Octobre	8.88	8.81	10.59	11.60	11.24	10.53	9.54	9.61	9.82	10.25	9.62	9.37	9.84	9.49	9.56	9.85	»
Novembre	8.15	7.61	9.92	10.53	9.87	9.10	7.56	7.33	7.86	6.98	6.98	7.18	6.61	7.02	5.89	6.81	»
Hiver	5.23	6.30	6.83	7.64	7.54	7.35	6.88	6.53	6.10	6.14	5.97	5.60	5.45	5.07	4.82	4.99	7.58
Printemps	7.14	8.43	8.66	8.78	9.11	8.36	7.81	7.75	7.40	7.08	8.21	9.47	9.28	7.87	8.01	6.23	12.27
Été	13.62	12.38	13.44	13.12	14.02	13.19	13.38	12.65	12.49	12.62	13.95	14.19	13.84	13.24	12.35	11.84	14.46
Automne	9.70	9.81	11.57	12.10	11.64	11.04	10.32	9.33	9.54	9.17	9.75	10.00	9.89	9.38	8.58	8.65	»
Année	9.07	9.60	10.99	10.54	11.12	10.17	9.42	8.75	8.55	8.46	9.15	8.78	9.04	8.46	8.38	8.11	11.98

Moyenne des 10 années à 9 heures du matin = 9,43.

Tension de la Vapeur d'Eau à Midi

TABLEAU N° 33.

DIX ANS

RÉSUMÉ.

	N.	N-O-N.	N.-O.	O-N-O.	O.	O-S-O.	S.-O.	S-O-S.	S.	S-E-S.	S.-E.	E-S-E.	E.	E-N-E.	N.-E.	N-E-N.	NUL.
Décembre	5.46	7.00	6.29	7.05	7.88	7.23	7.29	7.03	7.35	5.33	6.41	5.72	5.87	5.91	5.29	4.56	7.76
Janvier	5.72	6.43	6.35	7.33	7.39	7.30	6.14	6.09	6.10	7.50	6.24	6.82	6.19	6.79	5.39	5.09	»
Février	6.01	5.86	6.92	7.18	6.95	7.15	6.83	5.66	6.28	5.81	6.24	6.27	6.18	6.00	5.39	5.64	»
Mars	5.57	5.75	6.65	7.35	7.86	7.18	6.42	6.35	5.97	6.55	7.19	5.88	6.03	6.28	6.29	5.93	»
Avril	7.55	5.83	8.06	8.39	8.54	7.56	7.29	6.07	7.03	8.61	7.52	8.30	8.67	8.70	7.34	9.29	»
Mai	9.92	9.28	9.34	10.01	10.55	10.28	9.50	10.97	8.71	10.07	11.04	11.32	10.35	10.75	9.96	8.82	»
Juin	10.53	12.06	11.60	12.00	12.51	12.73	11.27	10.31	8.85	12.68	13.07	11.73	12.65	12.96	11.36	12.16	»
Juillet	14.86	13.36	13.70	14.40	14.30	14.41	13.10	»	13.68	12.53	14.71	14.94	14.77	13.93	14.55	14.09	13.71
Août	12.19	13.47	13.74	13.88	14.19	12.99	15.03	»	16.51	14.11	13.85	15.71	14.68	14.15	14.02	12.93	11.84
Septembre	13.80	12.56	13.16	12.58	13.39	12.60	12.67	9.05	11.39	12.72	13.22	14.30	13.12	13.67	12.20	12.39	»
Octobre	10.14	8.25	10.38	10.30	10.45	9.71	10.09	9.57	9.86	11.70	9.34	10.27	10.22	8.60	10.57	9.15	»
Novembre	6.93	7.12	8.74	7.88	8.73	8.29	8.13	6.97	7.50	8.68	8.16	7.47	6.67	7.00	7.76	7.15	»
Hiver	5.51	6.27	6.60	7.19	7.39	7.23	6.75	6.21	6.75	6.09	6.30	6.29	6.08	6.25	5.35	5.32	7.76
Printemps	7.14	7.13	8.17	8.75	8.99	8.47	7.62	7.50	6.80	8.61	8.74	8.88	8.69	8.79	7.69	7.33	»
Été	12.37	12.99	12.96	13.34	13.76	13.43	13.38	10.31	12.56	13.56	13.90	14.45	14.09	13.78	13.37	12.71	13.34
Automne	9.22	10.42	11.12	10.54	10.86	10.12	10.28	8.55	9.53	10.41	10.20	10.63	9.97	10.41	9.82	8.62	»
Année	8.28	9.56	8.79	10.46	10.36	9.64	9.08	7.37	8.19	8.99	9.39	9.86	9.49	9.43	9.05	8.09	11.24

Moyenne des 10 années à midi = 9,54.

Tension de la Vapeur d'Eau à 3 heures du Soir

TABLEAU N° 34.　　　　　DIX ANS.　　　　　RÉSUMÉ.

	N.	N-O-N.	N.-O.	O-N-O	O.	O-S-O	S.-O.	S-O-S.	S.	S-E-S.	S.-E.	E-S-E.	E.	E-N-E.	N.-E.	N-E-N.	NUL.
Décembre	4.69	4.40	6.54	6.24	8.03	7.44	6.97	6.59	6.24	5.50	6.06	5.81	6.42	5.22	5.51	5.54	»
Janvier	5.96	5.93	6.43	7.39	7.36	6.95	6.04	6.03	6.18	6.36	5.50	6.59	6.25	6.63	6.36	6.08	5.76
Février	5.50	5.24	6.64	7.20	6.83	7.15	6.38	4.96	5.72	5.82	6.18	5.54	6.00	5.71	6.10	5.90	»
Mars	6.04	6.03	6.59	7.41	7.07	7.07	6.11	7.15	5.62	6.49	7.54	6.36	5.98	6.95	6.24	5.85	»
Avril	7.24	6.22	7.76	8.06	8.05	8.77	7.14	6.09	7.52	6.66	9.71	»	6.44	7.30	8.01	8.51	»
Mai	9.73	10.04	9.09	9.69	10.08	10.01	9.27	0.26	11.22	10.07	9.70	10.64	10.44	9.47	10.88	9.54	»
Juin	11.21	10.61	11.22	11.36	12.52	11.67	13.24	13.42	10.82	13.48	13.65	13.00	12.62	11.52	12.09	12.62	»
Juillet	15.07	12.35	13.53	14.07	14.36	13.87	14.85	»	12.46	14.25	15.81	14.86	15.15	15.36	14.04	15.66	10.08
Août	15.55	12.18	13.15	14.23	14.17	13.47	13.91	»	»	12.95	15.27	15.34	14.89	14.94	14.97	11.07	10.51
Septembre	13.80	12.04	11.06	12.15	12.77	12.18	11.83	10.28	11.26	10.06	13.86	13.03	14.81	12.69	12.80	15.40	»
Octobre	10.33	10.20	10.13	9.98	9.74	9.66	9.83	9.14	10.26	12.47	9.95	12.29	11.08	10.56	10.26	8.62	10.88
Novembre	7.63	7.88	8.57	7.70	8.90	7.53	7.71	7.09	7.57	8.62	7.97	6.61	7.82	8.15	7.28	6.44	»
Hiver	5.98	5.37	6.55	7.08	7.48	7.20	6.50	6.27	6.07	5.95	5.89	6.06	6.25	5.78	5.97	5.81	5.76
Printemps	7.96	7.40	7.90	8.39	8.22	8.96	7.18	7.56	8.16	7.07	9.04	9.21	8.35	8.27	8.31	7.26	»
Été	13.91	11.49	12.72	12.97	13.70	13.44	14.09	13.42	11.81	14.73	15.06	14.31	14.34	14.43	13.89	12.42	10.29
Automne	10.18	10.20	10.85	10.47	10.19	9.18	9.50	8.51	9.46	9.36	10.81	10.94	11.18	10.23	9.50	8.82	»
Année	8.77	9.24	10.25	10.15	9.98	9.57	8.12	7.45	8.13	8.11	9.48	10.22	10.31	9.16	8.71	7.73	8.67

Moyenne des 10 années à 3 heures du soir = 9,47.

Tension de la Vapeur d'Eau à 6 heures du Soir

TABLEAU N° 35.

RÉSUMÉ. — DIX ANS.

	N.	N.-N.-O.	N.-O.	O.-N.-O.	O.	O.-S.-O.	S.-O.	S.-O.-S.	S.	S.-E.-S.	S.-E.	E.-S.-E.	E.	E.-N.-E.	N.-E.	N.-E.-N.	NUL.
Décembre	5.47	5.25	6.96	7.21	8.88	6.34	6.55	7.17	5.96	5.25	5.40	5.10	5.86	6.26	4.71	5.07	5.97
Janvier	5.15	4.94	6.99	6.41	7.40	6.89	6.26	6.05	5.92	6.46	6.42	5.90	6.23	5.39	5.48	5.24	7.12
Février	5.67	5.45	6.79	6.87	7.32	7.32	6.40	6.27	5.55	5.76	6.27	6.50	5.89	7.05	6.04	5.93	4.95
Mars	6.19	5.81	6.47	7.15	7.33	7.54	6.63	7.22	5.40	7.03	7.23	7.04	6.83	7.42	6.07	5.88	7.24
Avril	6.87	6.61	7.25	7.80	8.27	8.12	8.27	9.81	7.38	6.74	7.86	7.05	8.48	8.12	8.08	6.74	10.50
Mai	9.07	8.55	8.90	9.80	10.20	9.37	10.67	10.34	12.29	10.59	10.41	11.25	10.46	10.18	10.90	9.83	»
Juin	10.88	11.25	10.50	11.68	12.50	11.94	12.21	11.61	13.55	»	14.41	13.60	12.03	12.02	11.52	14.29	»
Juillet	12.85	12.86	13.24	12.97	14.09	15.02	15.18	15.21	17.98	16.33	14.74	13.30	15.66	16.38	11.49	14.70	13.45
Août	13.69	13.23	12.83	13.74	13.95	13.51	14.66	»	15.55	»	16.03	15.16	15.45	15.04	15.09	14.36	18.38
Septembre	13.75	13.68	12.50	12.71	12.68	12.57	12.40	10.17	12.60	12.66	13.22	13.75	13.36	14.14	12.88	14.42	12.81
Octobre	9.41	9.14	9.97	9.25	10.09	10.71	10.54	10.92	9.98	9.90	12.28	10.11	10.08	9.90	9.43	9.66	9.79
Novembre	6.00	7.79	8.19	9.44	8.81	8.45	7.76	7.56	7.63	7.66	7.49	7.92	6.92	7.57	6.76	6.84	8.72
Hiver	5.42	5.21	6.88	6.87	7.80	6.96	6.42	6.54	5.85	3.88	6.06	5.79	5.95	6.05	5.42	5.35	6.01
Printemps	7.19	6.56	7.71	8.25	8.58	8.27	8.66	9.02	8.62	7.58	8.52	9.25	8.87	8.68	8.18	6.88	8.87
Été	12.49	12.44	12.27	12.70	13.50	13.81	14.22	12.51	15.19	16.33	14.86	13.77	14.84	14.55	12.97	14.82	16.97
Automne	9.09	10.42	11.00	10.84	11.06	10.63	9.57	9.15	9.69	9.79	10.23	10.22	10.25	9.81	9.17	8.49	10.81
Année	8.02	9.18	10.11	10.35	10.58	9.81	9.16	7.88	8.46	8.06	9.11	8.58	9.61	9.19	8.09	7.50	9.60

Moyenne des 10 années à 6 heures du soir = 9,40.

Tension de la Vapeur d'Eau à 9 heures du Soir

TABLEAU N° 36. DIX ANS. RÉSUMÉ.

	N.	N-O.N.	N.-O.	O-N.O.	O.	O.S.O.	S.-O.	S-O.S.	S.	S-E.S.	S.-E.	E-S.E.	E.	E-N.E.	N.-E.	N-E.N.	NUL.
Décembre	4.79	5.27	6.18	5.93	8.50	7.11	6.76	7.48	6.09	6.32	5.01	4.54	5.27	6.04	4.88	4.79	7.58
Janvier	5.58	2.84	6.44	7.13	7.42	7.28	6.22	6.16	6.23	6.17	5.80	5.86	5.79	4.72	4.81	5.08	6.50
Février	5.52	5.92	6.51	6.47	7.57	7.43	6.51	6.15	6.35	6.27	5.79	5.89	5.90	5.54	5.69	5.77	6.29
Mars	5.45	5.79	6.30	7.63	7.59	6.83	7.12	6.94	6.51	6.87	6.93	7.14	6.40	7.55	5.19	6.03	7.69
Avril	5.06	6.54	7.37	8.15	8.45	8.47	8.33	7.51	8.06	6.72	8.43	7.52	8.74	8.73	8.23	7.17	8.30
Mai	8.35	10.06	10.14	9.86	10.54	10.27	9.25	9.36	9.07	9.51	9.24	9.83	10.09	9.13	10.71	7.57	10.10
Juin	10.85	11.08	11.15	11.13	11.73	11.97	12.58	11.16	11.50	»	11.15	12.35	10.95	12.43	11.45	8.30	12.37
Juillet	13.84	13.14	13.11	13.50	14.07	13.88	14.02	14.62	12.98	12.38	14.11	12.77	13.79	13.21	11.61	12.82	12.31
Août	12.49	11.57	13.00	13.26	14.39	13.97	13.69	13.63	13.67	12.80	13.98	16.70	13.39	14.77	12.82	11.76	13.52
Septembre	11.16	12.11	12.78	11.92	12.30	13.64	12.16	11.92	11.25	12.47	12.40	11.68	12.90	11.77	11.76	13.15	11.34
Octobre	9.40	8.81	9.12	10.76	9.88	11.40	9.73	9.83	9.56	9.76	10.14	10.03	9.56	9.40	8.92	9.20	9.65
Novembre	7.49	7.87	7.48	9.21	9.43	9.86	7.54	7.29	7.53	8.01	8.08	6.61	6.79	7.10	6.50	6.65	8.54
Hiver	5.24	5.36	6.43	6.55	7.79	7.29	6.47	6.70	6.20	6.25	5.61	5.56	5.74	5.85	5.05	5.09	6.77
Printemps	6.25	7.10	8.18	8.77	8.86	8.84	8.52	8.17	7.92	7.90	8.11	8.31	8.18	8.62	8.13	6.51	8.68
Été	12.43	11.74	12.51	12.53	13.17	13.17	13.44	13.02	12.83	12.52	12.71	13.19	12.55	13.68	12.00	11.74	12.80
Automne	8.83	10.07	10.30	10.90	10.47	11.91	9.93	9.19	9.52	10.13	10.30	9.14	9.52	9.42	8.23	8.37	10.24
Année	8.39	8.87	10.05	10.33	11.59	10.93	10.03	8.70	8.95	8.81	8.93	8.31	8.41	8.59	7.41	7.28	9.89

Moyenne des 10 années à 9 heures du soir = 9,17.

DIFFÉRENCES DES EXTRÊMES OBSERVÉS PENDANT LES DIX ANNÉES

Baromètre

(Les différences sont en millimètres.)

TABLEAU N° 37. RÉSUMÉ.

	N.	N.-O.-N.	N.-O.	O.-N.-O.	O.	O.-S.-O.	S.-O.	S.-O.-S.	S.	S.-E.-S.	S.-E.	E.-S.-E.	E.	E.-N.-E.	N.-E.	N.-E.-N.
Décembre	25	20	33	21	29	23	32	26	31	27	27	30	37	37	30	18
Janvier	27	32	31	25	29	30	28	31	26	26	29	26	25	24	24	21
Février	20	20	26	27	29	32	26	24	30	26	29	29	29	26	27	27
Mars	33	30	36	30	30	28	36	25	30	28	32	33	33	34	31	29
Avril	26	22	26	24	31	25	31	15	27	26	30	25	18	18	31	19
Mai	18	17	20	21	18	19	23	21	18	19	24	17	19	16	20	15
Juin	12	12	17	15	15	13	15	16	10	10	13	9	13	13	14	12
Juillet	11	11	17	13	12	13	16	11	10	13	13	13	17	12	11	8
Août	16	13	17	15	15	11	12	15	10	12	16	9	13	12	12	9
Septembre	15	12	18	18	17	16	18	19	18	15	19	19	19	14	20	11
Octobre	24	24	24	25	26	27	28	18	29	22	21	22	22	21	22	20
Novembre	23	21	25	23	26	25	26	26	27	23	28	24	27	25	27	22
Hiver	28	31	37	27	34	35	32	33	33	29	32	35	39	38	31	28
Printemps	35	30	37	26	31	28	36	25	33	28	39	34	33	34	32	30
Été	16	16	18	18	16	14	16	16	13	15	17	14	17	14	14	13
Automne	25	26	25	27	27	27	29	26	29	24	28	25	27	26	27	22
Année	35	32	42	33	34	35	39	33	34	29	40	38	39	38	34	35

DIFFÉRENCES DES EXTRÊMES OBSERVÉS PENDANT LES DIX ANNÉES

Température de l'Air

(Les différences sont en degrés.)

TABLEAU Nº 38.

RÉSUMÉ.

	N.	N.-O.-N.	N.-O.	O.-N.-O.	O.	O.-S.-O.	S.-O.	S.-S.-O.	S.	S.-S.-E.	S.-E.	E.-S.-E.	E.	E.-N.-E.	N.-E.	N.-E.-N.
Décembre	18	16	23	13	15	18	21	22	22	16	25	18	22	21	21	14
Janvier	21	15	17	13	18	15	23	19	19	26	23	19	21	19	20	15
Février	16	11	15	13	15	18	20	14	20	17	18	16	20	18	21	16
Mars	18	18	16	17	19	12	19	17	20	17	20	20	18	15	21	13
Avril	22	11	17	19	20	11	20	14	16	18	16	16	19	»	17	14
Mai	14	13	22	19	19	10	16	13	11	17	21	15	19	14	17	10
Juin	13	14	17	19	17	15	13	8	12	6	14	15	16	10	15	16
Juillet	13	11	18	17	15	16	18	7	7	11	14	12	17	11	13	13
Août	11	14	14	15	16	12	14	8	8	8	14	13	15	12	15	15
Septembre	10	16	19	12	19	13	20	17	23	19	17	15	20	13	12	7
Octobre	14	16	25	16	23	14	20	17	19	17	24	16	20	22	16	17
Novembre	13	16	14	13	13	13	17	18	16	20	23	17	20	17	19	18
Hiver	24	18	23	17	19	20	28	23	24	19	19	25	25	23	23	19
Printemps	26	28	27	22	24	24	24	25	23	23	23	29	27	26	32	27
Été	18	21	22	20	20	21	19	11	15	12	20	23	17	17	18	20
Automne	23	27	28	21	29	22	28	26	32	25	29	29	34	30	29	23
Année	41	38	39	32	34	23	40	31	38	30	40	38	39	38	41	34

DIFFÉRENCES DES EXTRÊMES OBSERVÉS PENDANT LES DIX ANNÉES

Tension de la Vapeur d'Eau

(Les différences sont un $^{m}/_{m}$ et dixième.)

TABLEAU N° 39.   RÉSUMÉ.

Mois	N.	N-O-N.	N-O.	O-N-O.	O.	O-S-O.	S-O.	S-O-S.	S.	S-E-S.	S-E.	E-S-E.	E.	E-N-E.	N-E.	N-E-N.
Décembre	6.2	7.0	8.3	6.3	7.6	8.0	7.0	8.5	8.1	6.9	10.5	8.6	8.3	6.8	7.4	5.3
Janvier	5.0	5.3	6.9	6.2	7.3	6.4	6.8	6.8	5.5	4.8	7.8	11.6	7.0	5.7	6.9	5.3
Février	4.9	4.8	6.8	6.0	6.9	5.5	8.4	6.8	5.9	4.5	6.9	4.3	5.1	5.7	10.5	4.9
Mars	5.7	6.7	7.7	7.3	7.2	6.1	6.7	10.0	4.8	7.0	9.5	5.6	7.1	6.0	7.0	6.5
Avril	7.4	5.7	8.6	3.9	11.1	6.1	6.8	4.5	5.4	6.8	6.9	7.0	10.5	7.6	18.2	6.7
Mai	8.5	9.8	11.3	3.6	8.5	8.4	11.1	8.5	8.6	8.0	13.3	10.7	9.9	9.8	10.0	5.7
Juin	11.4	9.4	11.7	11.5	9.4	9.6	9.9	5.6	5.9	5.0	10.6	8.7	11.2	8.3	12.5	10.7
Juillet	12.1	7.1	13.0	11.5	12.2	7.3	11.4	6.3	6.1	8.0	11.4	8.0	10.5	12.3	10.8	6.6
Août	11.1	7.2	11.4	8.3	10.5	6.4	9.3	5.0	5.9	6.7	12.8	9.2	12.2	11.1	11.8	9.7
Septembre	9.1	9.1	13.3	8.6	10.2	10.2	10.3	7.6	11.0	9.7	11.5	10.3	12.3	9.6	11.5	7.5
Octobre	10.4	9.8	11.0	10.1	7.6	8.3	11.9	8.3	11.5	9.3	13.1	11.7	13.6	9.1	11.9	11.3
Novembre	8.3	6.8	8.4	7.5	8.0	7.8	8.8	6.9	6.8	7.3	8.2	7.9	8.4	8.1	8.1	8.4
Hiver	6.7	7.0	8.3	7.6	8.8	8.0	8.6	10.1	9.1	7.2	10.5	8.6	8.3	7.8	10.8	5.4
Printemps	9.9	12.5	11.8	12.2	12.7	10.4	13.7	11.0	10.3	10.3	15.0	11.7	13.7	11.0	18.7	8.4
Été	17.7	11.1	14.6	11.8	12.9	11.5	11.4	9.3	7.8	9.8	13.9	11.9	13.1	13.0	15.4	12.2
Automne	12.9	12.6	16.2	12.3	12.1	13.3	13.7	11.7	14.9	11.9	15.7	15.1	16.0	13.7	14.7	15.7
Année	19.9	14.5	18.5	17.0	17.8	14.6	18.1	14.4	16.0	14.7	19.9	17.3	18.7	19.8	18.9	16.5

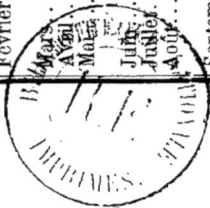

www.ingramcontent.com/pod-product-compliance
Lightning Source LLC
Chambersburg PA
CBHW050103210326
41519CB00015BA/3803